Angelika Stahnke

GMDSS
Weltweites Seenot- und Sicherheitsfunksystem

Angelika Stahnke

GMDSS
Weltweites Seenot- und Sicherheitsfunksystem

Kommunikation und
Sicherheitsausrüstung
auf kleinen Schiffen

Klasing & Co GmbH

Die Deutsche Bibliothek – CIP-Einheitsaufnahme

Stahnke, Angelika:
GMDSS – weltweites Seenot- und Sicherheitsfunksystem: Kommunikation
und Sicherheitsausrüstung auf kleinen Schiffen / Angelika Stahnke. – Bielefeld:
Klasing, 1996
(Yacht-Bücherei; Bd. 112)
ISBN 3-87412-154-2
NE: GT

ISBN 3-87412-154-2

Umschlaggestaltung: Ekkehard Schonart
Gesamtherstellung: Kunst- und Werbedruck, Bad Oeynhausen
Printed in Germany 1996

Inhalt

Geleitwort

GMDSS ist ein Kommunikations- und Sicherheitssystem, das ausschließlich für die Berufsschiffahrt konzipiert wurde. Warum GMDSS dennoch in einem Buch für die Sportschiffahrt behandelt wird, hat mehrere Gründe:
So sollte jeder Yachtschiffer wissen, wie die Großen demnächst kommunizieren, im Revier und auf See – schließlich muß er mit ihnen auskommen. Zum anderen kann jeder Yachtmann womöglich an einem System partizipieren, das bis 1999 weltweit eingeführt sein wird und das heute schon, mit vielen Vorschußlorbeeren bedacht, als das effektivste System gilt, das es je gab: GMDSS automatisiert allen Funk- und Seenotverkehr, benutzt für weltweite Verbindungen Satelliten, Grenzwellen-/Kurzwellenfunk und für den Küstenfunk UKW. Den jedoch mit anders verteilten Kanälen und ausschließlich mit digitalem Selektivruf DSC.
GMDSS soll die ausrüstungspflichtige Berufsschiffahrt sicherer machen. Um die vielen Sport- und Kleinbootfahrer hat sich keine der seefahrenden Nationen gekümmert, als man innerhalb der Internationalen Seeschiffahrts-Organisation IMO vor mehr als zehn Jahren über ein neues maritimes Kommunikationssystem nachdachte. Entsprechend kompliziert, aufwendig und teuer sind das System und das nötige Bordgerät ausgefallen. Es schreckt oft selbst die Reeder.
Gleichwohl stehen die Klein- und Sportbootfahrer vorerst ohne Alternative da. Hat man erst einmal die ausrüstungspflichtigen Berufsschiffer im Griff, werden Schiffe unter 300 BRZ und die Sportboote schon nachziehen. So hatte man sich das wohl auch diesmal gedacht.
Neubauten ausrüstungspflichtiger Berufsschiffe sind inzwischen GMDSS-konform ausgerüstet, ihre Schiffsführungen haben erste Erfahrungen mit diesem System gemacht – nicht nur positive. Fehlalarme sind an der Tagesordnung. Mit den Satelliten-Notfunkbaken und dem automatischen UKW-Notruf verzeichnete die Deutsche Gesellschaft zur Rettung Schiffbrüchiger 1995 Falschmeldungen von nahezu 100 Prozent (vielfach aufgrund von Fehlbedienung). Das GMDSS-Gerät ist zu kompliziert, der Berufsfunker wegratio-

nalisiert. Brückenoffiziere wurden auf die Schnelle mit dem GMDSS-Equipment vertraut gemacht. Das ist zu wenig. Mit Schrecken warten die zuständigen Institutionen auf den Tag, an dem die Masse der Freizeitschipper mit GMDSS-Gerät ausgerüstet ist.
Sportbootfahrer sollten GMDSS dann auch mit Vorbehalten sehen und zumindest vorerst auf die eigene Ausrüstung verzichten. Für die meisten sind ohnehin allenfalls der neue DSC-UKW-Funk (digitale Selektivruf) und die neuen Notfunkbaken (INMARSAT-E und COSPAS-SARSAT) interessant. Und Achtung: Wer sie an Bord seiner Yacht nehmen will, benötigt eine weiterführende Funklizenz.
Dieses Buch macht mit GMDSS bekannt, sagt, was von diesem System wann und wo für den Sportbootfahrer relevant wird, und es gibt Tips, wie man sein Boot am besten fit macht für die nächsten Jahrzehnte maritimen Yachtfunks.
Die Autorin Angelika Stahnke befaßt sich seit vielen Jahren mit elektronischer Yachtausrüstung und führt Kurse zur Erlangung von Seefunkzeugnissen durch. Aus vielen Gesprächen mit Seglern und Fachleuten von Herstellern und Institutionen weiß sie um die Probleme der Wassersportler und deren Ängste vor GMDSS. Sie gilt als absolut kompetent in allen Funk- und Funksicherheitsfragen.

Hamburg, im Januar 1996 *Joachim F. Muhs*

Vorwort

In zahlreichen Beratungsgesprächen zur Ausrüstung von Segel- und Motoryachten stellten mir die Eigner immer wieder Fragen zu den zur Zeit greifenden Veränderungen im internationalen Seefunk. Auch während meiner Lehrgänge zum Erwerb von Allgemeinem Sprechfunkzeugnis für den Seefunkdienst, UKW-Sprechfunkzeugnis und den UKW-Betriebszeugnissen I und II wurde mir immer mehr deutlich, wie wenig eigentlich in Sportskipperkreisen über das neue Weltweite Seenot- und Sicherheitsfunksystem – GMDSS – mit dem Digitalen Selektivruf (DSC), mit den Seenotfunkbaken, den sogenannten EPIRBs, und Radarantwortbaken, den sogenannten SARTs, und mit den in gar nicht allzu ferner Zukunft nutzbaren mobilen Satelliten-Kommunikationsdiensten bekannt ist.
Insbesondere weil im Seefunk vorwiegend internationale Kriterien greifen und weil viele Fachwörter dem Englischen entlehnt sind, hat die Terminologie auf diesem Gebiet erstaunliche Ausmaße angenommen, was natürlich dem interessierten Laien das Verständnis der gesamten Thematik nicht gerade erleichtert, insbesondere aber Zusammenhänge auf diesem Gebiet nicht ohne weiteres deutlich werden läßt. In zahlreichen Fachartikeln werden zwar häufig Teilbereiche angeschnitten und teilweise auch recht fachmännisch beleuchtet, oft werden jedoch die Auswirkungen sowie die praktische Nutzanwendung für die Sportschiffahrt hierbei nicht hinreichend deutlich.
Dieses Buch soll nun auf der einen Seite die Hintergründe und die gesetzlichen und verfahrenstechnischen Grundlagen für die Neuerungen auf dem Gebiet der Funktechnik sowie der Seenotrettung im GMDSS beleuchten, auf der anderen Seite soll es für den Leser ein kleiner Leitfaden sein für die sinnvolle und zukunftsorientierte Yachtausrüstung, insbesondere in bezug auf Sicherheit und moderne Kommunikation.
Die Angaben und Informationen in diesem Buch wurden sorgfältig recherchiert. Sollten dennoch Sachverhalte und Details nicht vollständig wiedergegeben worden sein, so bin ich für jede Anregung dankbar.

Bedanken möchte ich mich besonders bei all jenen, die mich im Laufe der letzten Wochen bei meiner Arbeit unterstützt haben, die mir mit Rat und Tat zur Seite gestanden und mir Hintergrundinformationen, Originaltexte, Fotos und Bildmaterial zur Verfügung gestellt haben.
Besonderer Dank gilt meinem verstorbenen Mann Alfred Stahnke. Ohne seine jahrelange Schulung wäre mir die Materie Seefunk, Radar und Navigation für immer fremd geblieben.
Nicht zuletzt danke ich meinen beiden Töchtern, die in den letzten Wochen so manche Stunde auf mich verzichten mußten und die mir dennoch viel Verständnis für meine Arbeit entgegengebracht haben.

Berlin-Spandau, im Januar 1996 *Angelika Stahnke*

Einführung des Weltweiten Seenot- und Sicherheitsfunk-systems – GMDSS

Während fast zehnjähriger Verhandlungen sind von der *Internationalen Seeschiffahrts-Organisation (IMO)* in Zusammenarbeit mit anderen zuständigen internationalen Gremien auf der Grundlage neuer Technologien die Rahmenbedingungen für die Einführung des *Global Maritime Distress And Safety Systems (GMDSS)* geschaffen worden. Dieses Weltweite Seenot- und Sicherheitsfunksystem bietet durch den Einsatz modernster Technik für die Schiffahrt eine wesentlich erhöhte Sicherheit auf See. Das *Internationale Übereinkommen zum Schutz des menschlichen Lebens auf See (SOLAS)* enthält im Kapitel IV die für jedes funkausrüstungspflichtige Schiff relevanten Funktionsanforderungen.* Die entsprechenden Änderungen in der *Schiffssicherheitsverordnung (SchSV)* setzen die internationalen Vereinbarungen in nationales Recht um.
Im GMDSS werden der terrestrische Seefunk sowie der Satellitenfunk parallel genutzt. Dabei wird der *Digitale Selektivruf (DSC)* zum Anruf und zur Alarmierung verwendet, und die Morsetechnik wird durch die Fernschreibtechnik ersetzt, obwohl nach wie vor im GMDSS die Morsetechnik weiter genutzt werden kann. Die Alarmierung im Seenotfall ist weitgehend automatisiert und bietet dadurch im Gegensatz zum herkömmlichen Sicherheitssystem eine schnellere und sicherere Verbindungsaufnahme mit den Rettungsleitstellen an Land. Durch die automatische Speicherung der übermittelten Daten im DSC-Gerät sind Übertragungs- und Verständigungsfehler weitestgehend ausgeschlossen.

---

* Welche Schiffe funkausrüstungspflichtig sind, lesen Sie auf Seite 15.

Auf einem nach GMDSS ausgerüsteten Schiff muß eine automatische Notalarmierung auch dann funktionieren, wenn an Bord des verunglückten Schiffes weder Zeit noch Gelegenheit ist, den Alarm manuell auszulösen.
Zur präventiven Sicherheitsausrüstung nach GMDSS gehört je nach Seegebiet* eine entsprechende Empfangseinrichtung für alle sicherheitsrelevanten Informationen für die Schiffahrt, wie zum Beispiel Nautische Warnnachrichten, Sturmwarnungen usw.

Grundlegende Änderungen der Ausrüstungspflicht

Nach der neuen Regelung richtet sich der Umfang der Ausrüstung in erster Linie nach dem Seegebiet, wobei alle Fahrgastschiffe unabhängig von ihrer Größe und alle Frachtschiffe mit einer Bruttoraumzahl (BRZ) von 300 und mehr entsprechend ihrem jeweiligen Fahrtgebiet funkausrüstungspflichtig sind. Die vertragschließenden Regierungen haben *vier Seegebiete* festgelegt, die – entsprechend der Infrastruktur des jeweiligen Landes – als Grundlage für die Ausrüstung der Schiffe mit Funkgeräten dienen.
Schiffe der Sport- und Freizeitschiffahrt unterliegen der Ausrüstungspflicht nicht. Gleichwohl raten Institutionen wie das Bundesministerium für Verkehr, das BAPT (Bundesamt für Post und Telekommunikation) und das BSH (Bundesamt für Seeschiffahrt und Hydrographie) in ihren Veröffentlichungen auch Freizeitkapitänen, diese Entwicklung aus Sicherheitsgründen entsprechend zu berücksichtigen.
Die Eigner von Seefunkstellen auf nichtfunkausrüstungspflichtigen Schiffen sollten je nach Fahrtgebiet ihre Ausrüstung den Vorschriften entsprechend anpassen und bereits im Verlauf der Übergangsphase bis zur endgültigen Einführung des GMDSS die vorhandene UKW-Funkanlage ergänzen oder – wenn dies aus technischen Gründen nicht möglich ist – eine entsprechende Umrüstung sowie gegebenenfalls eine Erweiterung vornehmen.

* Seegebiete s. S. 15.

Auch auf internationaler Ebene wird in Gremien von SOLAS über die Einbindung der *non convention ships*, der nichtfunkausrüstungspflichtigen Schiffe also, nachgedacht.
Selbst bei keineswegs übertriebener, freiwilliger Funksicherheitsausrüstung erfährt ein Sportschiff einerseits ein großes Maß an zusätzlicher Sicherheit für seine Besatzung, zum anderen ermöglicht eine am GMDSS orientierte Ausrüstung den Rettungs- und Hilfsorganisationen im Seenotfall ein schnelleres und gezielteres Eingreifen sowie ein sicheres Auffinden des Havaristen.

Ausrüstungspflicht nach Seegebieten

Es folgt ein Überblick über den Umfang der Ausrüstung, der nach GMDSS für die funkausrüstungspflichtige Berufsschiffahrt relevant ist beziehungsweise für die Zukunft Gültigkeit haben wird. Auf die Ausrüstungsgegenstände wie UKW-DSC-Seefunkanlage und DSC-Controller, NAVTEX- und EGC-Empfänger, Satelliten-EPIRBs in den Systemen COSPAS/SARSAT und Inmarsat, Radartransponder, Grenzwellen/Kurzwellen-DSC-Funkanlagen und Satelliten-Kommunikationsanlagen wird zu einem späteren Zeitpunkt noch ausführlich eingegangen.

● **Seegebiet A 1** bezeichnet ein von der zuständigen Verwaltung festgelegtes Gebiet innerhalb der Sprechfunkreichweite mindestens einer Ultrakurzwellen (UKW)-Küstenfunkstelle, die ununterbrochen für DSC-Alarmierungen zur Verfügung steht, das heißt also Küstennähe bis ca. 30 Seemeilen.
Als Ausrüstung wird gefordert:
1 UKW-DSC-Seefunkanlage bestehend aus:
- Alarmierungseinrichtung für Senden und Empfangen (ist fast immer Bestandteil des Controllers)
- DSC-Codierer (Controller)
- Sprechfunk

1 UKW-DSC-Wachempfänger für Kanal 70
(ist oftmals Bestandteil des Controllers)
1 Grenzwellen-Wachempfänger für 2182 kHz (bis 1999)

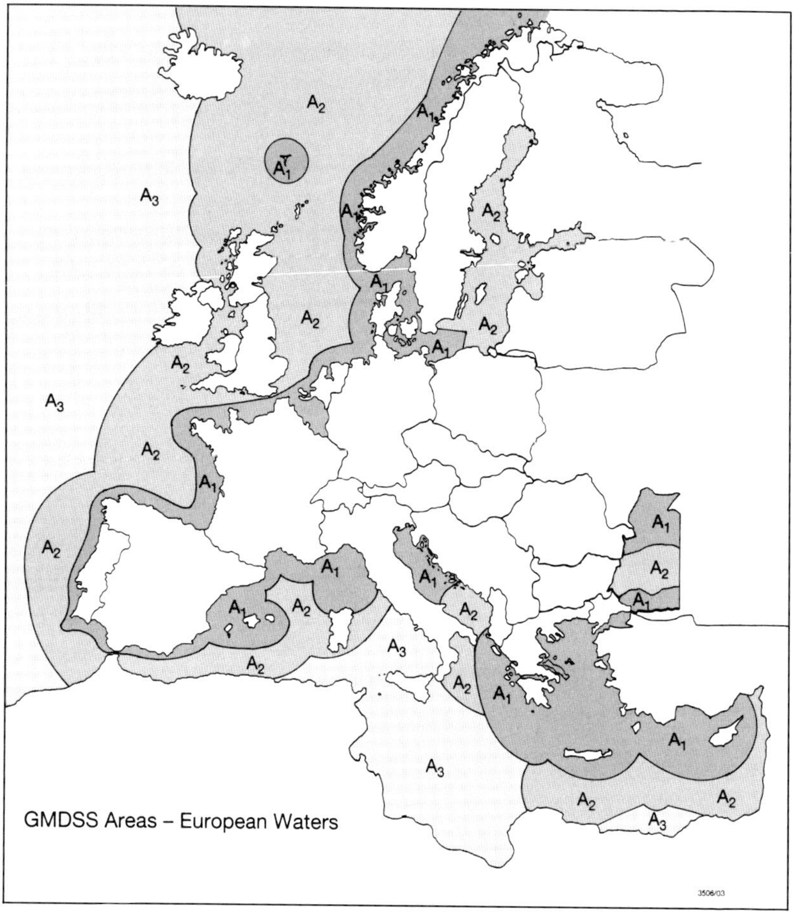

Europäische GMDSS-Seegebiete: A1 = Küstennähe bis ca. 30 sm, A2 = Küstennähe bis ca. 150 sm, A3 = gesamte Erde ohne Polkappen

1 NAVTEX-Empfänger
1 EGC-Empfänger (verzichtbar, wenn das Schiff ausschließlich im NAVTEX-Gebiet eingesetzt wird)
1 Satelliten-Seenotfunkbake (EPIRB 406 MHz oder 1,6 GHz)
2 Radartransponder (SART)*
3 UKW-Handsprechfunkgeräte

● **Seegebiet A 2** bezeichnet ein von der zuständigen Verwaltung festgelegtes Gebiet innerhalb der Sprechfunkreichweite mindestens einer Grenzwellen (GW)-Küstenfunkstelle, die ununterbrochen für DSC-Alarmierungen zur Verfügung steht; gemeint ist ein Seegebiet bis 150 Seemeilen von der Küste. Als Ausrüstung wird gefordert:

1 UKW-DSC-Seefunkanlage (wie bereits beschrieben)
1 UKW-DSC-Wachempfänger für Kanal 70
1 GW-DSC-Anlage bestehend aus:
- Alarmierungseinrichtung für Senden und Empfangen
- DSC-Codierer
- Sprechfunk
- Sprechfunkalarmzeichengeber (bis 1999)

1 GW-Wachempfänger für 2182 kHz (bis 1999)
1 GW-DSC-Wachempfänger für 2187,5 kHz
1 NAVTEX-Empfänger
1 EGC-Empfänger (verzichtbar, wenn das Schiff ausschließlich im NAVTEX-Gebiet eingesetzt wird)
1 Satelliten-EPIRB (406 MHz oder 1,6 GHz)
2 Radartransponder (SART)
3 Handsprechfunkgeräte

* Für Schiffe mit einer Bruttoraumzahl von weniger als 500 sind 1 Radartransponder und 2 Handfunkgeräte ausreichend.

● **Seegebiet A 3** bezeichnet ein Gebiet innerhalb der Überdeckung eines geostationären Inmarsat-Satelliten, der ununterbrochen für Alarmierung zur Verfügung steht; gemeint ist die Erdabdeckung ohne Polkappen.
Für dieses Seegebiet gibt es zwei verschiedene Varianten der Ausrüstung, die der Schiffseigner in eigener Zuständigkeit festlegen kann:

1. Möglichkeit:
1 UKW-DSC-Anlage (wie bereits beschrieben)
1 UKW-DSC-Wachempfänger für Kanal 70
1 GW-DSC-Anlage (wie bereits beschrieben)
1 GW-Wachempfänger für 2182 kHz (bis 1999)
1 GW-DSC-Wachempfänger für 2187,5 kHz)
1 Inmarsat-Schiffs-Erdfunkstelle bestehend aus:
- Alarmierungseinrichtung (Senden und Empfangen, wenigstens Telex-Einrichtung)

1 NAVTEX-Empfänger
1 EGC-Empfänger
1 Satelliten-EPIRB (406 MHz oder 1,6 GHz)
2 Radartransponder (SART)
3 Handsprechfunkgeräte

2. Möglichkeit:
Komplette Ausrüstung wie bei 1. Möglichkeit, jedoch wird die Inmarsat-Schiffs-Erdfunkstelle durch eine Grenzwellen-/Kurzwellen-Funkanlage ersetzt, die aus folgenden Teilen besteht:
- Alarmierungseinrichtung (Senden und Empfangen)
- DSC-Codierer
- Sprechfunk
- Telex
- Sprechfunkalarmzeichengeber (bis 1999)

● **Seegebiet A 4** bezeichnet ein Gebiet, das nicht wie die vorgenannten Gebiete funktechnisch versorgt ist; gemeint sind die Polkappen.

Als Ausrüstung wird gefordert:
1 UKW-DSC-Anlage (wie beschrieben)
1 UKW-DSC-Wachempfänger für Kanal 70
1 GW/KW-DSC-Anlage bestehend aus:
- Alarmierungseinrichtung (Senden und Empfangen)
- DSC-Codierer
- Sprechfunk
- Telex

1 GW-Wachempfänger für 2182 kHz (bis 1999)
1 GW/KW-DSC-Wachempfänger zum Scannen der GW/KW-DSC-Not- und Sicherheitsfrequenzen
1 NAVTEX-Empfänger
1 EGC-Empfänger
1 Satelliten-EPIRB (jedoch ausschließlich für 406 MHz)
2 Radartransponder (SART)
3 Handsprechfunkgeräte

Umfang der weiteren Ausrüstung

Unabhängig von den Vorschriften für die Seegebiete A 1 bis A 4 muß jedes funkausrüstungspflichtige Schiff im GMDSS eine zweite Alarmierungsfunkmöglichkeit von der Brücke aus sicherstellen.
Wenn als erster Alarmierungsweg eine terrestrische Funkanlage vorgesehen ist, muß als zweiter Alarmierungsweg eine Schiffs-Erdfunkstelle oder eine Satelliten-EPIRB zur Verfügung stehen. Ist die Hauptanlage eine Schiffs-Erdfunkstelle, wird als zweiter Alarmierungsweg eine terrestrische Funkanlage gefordert.
Die Alarmierung muß an der Stelle ausgelöst werden, von der aus das Schiff normalerweise geführt wird. Bei abgesetzt betriebenen Funkanlagen müssen Fernbediengeräte auf der Brücke vorhanden sein. Das bedeutet, daß Grenzwellen-, Grenz-/Kurzwellen- und UKW-Wachempfänger auf der Brücke installiert sein müssen. Bei fernbedientem Betrieb müssen die Sender bei Alarmauslösung automatisch auf die entsprechende DSC-Not- und -Sicher-

heitsfrequenz schalten. Auf den Kanälen 06, 13 und 16 muß Sprechfunkverkehr abgewickelt werden können.

Sicherstellung der Betriebsbereitschaft

Für die Sicherstellung der Betriebsbereitschaft sind drei verschiedene Maßnahmen zulässig:

- Doppelung von Geräten
- landseitige Instandhaltung der Elektronik
- Instandhaltung der Elektronik auf See

Laut SOLAS reicht für Schiffe, die in den Seegebieten A 1 und A 2 eingesetzt sind, *eine* dieser Maßnahmen aus. Schiffe, die in den Seegebieten A 3 und A 4 fahren, müssen die Betriebsbereitschaft durch eine Kombination von mindestens *zwei* dieser Maßnahmen sicherstellen.

Zeitrahmen für die Änderungen

Die Einführung des GMDSS begann weltweit am 1. Februar 1992 und muß für alle funkausrüstungspflichtigen Schiffe spätestens am 1. Februar 1999 abgeschlossen sein. Für die Zeit zwischen diesen beiden Daten gelten Übergangsregelungen, die sicherstellen, daß Schiffe, die nach dem alten Funksicherheitssystem ausgerüstet sind, mit Schiffen mit GMDSS-Ausrüstung in Not- und Sicherheitsfällen kommunizieren können.
Schiffe, die am oder nach dem 1. Februar 1995 auf Kiel gelegt worden sind, müssen voll den Anforderungen des GMDSS entsprechen, während vorhandene Funkeinrichtungen bis 31. Januar 1999 weiter betrieben werden dürfen. Bis zu diesem Stichtag sind alle in Fahrt befindlichen, funkausrüstungspflichtigen Seefahrzeuge nach den dann bindenden GMDSS-Richtlinien auszurüsten. Bis dahin gilt es für jede Reederei, zu prüfen, ob und in welcher

Form die vorhandenen Geräte noch verwendbar oder gegebenenfalls aufrüstbar sind.

Der Einführungszeitraum sowie der jeweilige Umfang der stufenweisen Ausrüstung nach den geltenden Regelungen des GMDSS im Detail:

1. Februar 1992 Beginn der Einführung und mögliche Nutzung des Weltweiten Seenot- und Sicherheitsfunksystems (GMDSS).

1. Februar 1993 Verbindliche Einführung eines Teils der GMDSS-Ausrüstung (alle Schiffe müssen mit NAVTEX und Satelliten-EPIRB ausgerüstet sein).

1. Februar 1995 Sämtliche Neubauten müssen ab diesem Zeitpunkt den GMDSS-Anforderungen entsprechen. Zusätzlich ist ein X-Band (9 GHz)-Radargerät in die Ausrüstung aufzunehmen.

1. Februar 1999 Abschluß der Einführungsphase für das GMDSS und der damit verbindlichen Regelungen für alle funkausrüstungspflichtigen Seeschiffe. Davon sind alle Frachtschiffe mit einer Bruttoraumzahl von 300 und mehr und alle Fahrgastschiffe betroffen. Bis zu diesem Datum müssen jedoch Hörwachen auf Kanal 16 und auf 2182 kHz sichergestellt werden.

Kennzeichnung der Funkstelle im DSC: MMSI

Die *Maritime Mobile Service Identity (MMSI),* die Seefunkstellenrufnummer, dient im Digitalen Selektivruf (DSC) als selektive Rufnummer für Anrufverfahren vom Schiff zur Küstenfunkstelle und umgekehrt und für Funkanrufe in Richtung Schiff – Schiff. Die MMSI besteht aus einer Reihe von neun Ziffern, wobei die ersten drei den sogenannten Landeskenner *(Maritime Identification Digit, MID)* bilden. Jedem Land wurden bestimmte Länderkennzahlen zugewiesen. Die Landeskenner für die Bundesrepublik Deutschland sind 211 und 218.
Beispiel für die 9stellige Rufnummer einer deutschen Seefunkstelle:

MMSI-Nummer: **211 23456 0**

- 23456: Unterscheidung der Funkstelle
- 211: MID – Länderkennzahl für Deutschland

Dabei dienen die fünf Ziffern nach der MID zur Unterscheidung der Funkstelle, wobei die letzte Ziffer der MMSI in Deutschland eine Null ist.
Küstenfunkstellen erhalten für das DSC-Verfahren ebenfalls eine MMSI, wobei die DSC-Rufnummern von Küstenfunkstellen wie folgt gebildet werden: 00 MID XXXX. Die MMSI der Küstenfunkstellen unterscheiden sich insofern, als die ersten beiden Stellen mit Nullen belegt sind, danach folgt der Landeskenner, und die verbleibenden 4 Ziffern unterscheiden die einzelnen Küstenfunkstellen.
Anhand dieser Numerik kann beim Empfang von DSC-Anrufen festgestellt werden, zu welchem Land die sendende Seefunkstelle gehört oder welche Küstenfunkstelle den Ruf ausgesendet hat.
Wir unterscheiden zwischen zwei Arten von Rufzeichen: Im Seeschiffsregi-

ster eingetragene Schiffe erhalten vom Registergericht ein Unterscheidungssignal, zum Beispiel „DLDO", das dann auch als Rufzeichen für die Seefunkstelle verwendet wird. Beispiel: PLUTO/DLDO.
Ist ein Schiff nicht im Seeschiffsregister eingetragen, so erhält die Seefunkstelle das Rufzeichen vom BAPT, bestehend aus zwei Buchstaben und vier Ziffern. Beispiel: AVALON/DA3288. Deutschland sind die Buchstaben DAAA bis DRZZ zugewiesen. Die Rufzeichenreihe Y2AA bis Y5XX der ehemaligen DDR ist für deutsche Schiffe ebenfalls gültig.
Soll die Seefunkstelle am Digitalen Selektivruf (DSC) teilnehmen, erhält sie zusätzlich zu ihrem Rufzeichen eine MMSI, die vom Lieferanten in das auszuliefernde Funkgerät einprogrammiert wird.

DSC-Rufnummern deutscher und benachbarter europäischer Küstenfunkstellen

Die Küstenfunkstellen der Deutschen Telekom sind mit DSC-Anlagen für UKW und zum Teil auch für Grenzwelle und Kurzwelle ausgerüstet. Die Rufnummern:

Deutschland	Norddeich Radio	00 211 4200
	Weser Radio	00 211 4300
	Rügen Radio	00 211 4500
Dänemark	Lyngby Radio	00 219 1000
	Blaavand Radio	00 219 2000
	Skagen Radio	00 219 3000
Schweden	Göteborg Radio	00 265 1000
	Stockholm Radio	00 265 2000
Norwegen	Tjörne Radio	00 257 0100
	Farsund Radio	00 257 0200
	Rogaland Radio	00 257 0300
	Bergen Radio	00 257 0400
Belgien	Oostende Radio	00 205 0480
	Antwerpen Radio	00 205 0485
Niederlande	Scheveningen Radio	00 244 1000

Endgültige Einführung des Digitalen Selektivrufs im GMDSS

Anrufverfahren ohne und mit Digitalen Selektivruf (DSC)

Bis zum 1. Februar 1999 bleiben beide Systeme sozusagen parallel im Einsatz, das heißt, für die noch nicht nach GMDSS umgerüsteten Seefunkstellen werden die Gespräche im herkömmlichen Verfahren abgewickelt. Wie gewohnt wird die Küstenfunkstelle über UKW auf dem 1. Arbeitskanal beziehungsweise über Grenzwelle auf dem 1. Sprechweg gerufen; zur Abwicklung des eigentlichen Gesprächs verweist die Küstenfunkstelle dann auf einen geeigneten Arbeitskanal bzw. Arbeitssprechweg.
Wenn die Arbeitskanäle nicht bekannt oder die betreffenden Küstenfunkstellen auf ihnen nicht hörbereit sind, werden sie auf Kanal 16 beziehungsweise auf der Frequenz 2182 kHz gerufen.
Seefunkstellen mit DSC-Funkanlagen sind indessen auch heute schon in der Lage, andere Schiffe und vor allem Küstenfunkstellen über den Digitalen Selektivruf direkt anzurufen. Allerdings ist zur Zeit eine Direktdurchwahl in das öffentliche Fernmeldenetz in Richtung Schiff – Land in Deutschland nicht möglich.

Seefunkgespräch über Kurzrufnummern

Vom Telefon zu Hause aus können die Küstenfunkstellen der Deutsche Telekom AG direkt über Kurzrufnummern erreicht werden. Dieser neue

Dienst ist für Nutzer des Seefunkdienstes kostengünstig und praktisch, egal, ob eine Seefunkstelle in der herkömmlichen Form oder schon über den Digitalen Selektivruf erreicht werden soll. Seefunkgespräche über Küstenfunkstellen im Ausland werden unter der Rufnummer 0130 - 80 03 21 angemeldet.

Küstenfunkstelle	**Kurzrufnummer**
Norddeich Radio (weltweit)	0130 - 80 03 21
Rügen Radio (Schiffe in der Ostsee)	0130 - 80 03 22
Elbe-Weser Radio (Schiffe in der Deutschen Bucht)	0130 - 80 03 23

Wegfall der Hörwache auf Kanal 16 und 2182 kHz

Bis zur vollständigen Einführung des Weltweiten Seenot- und Sicherheitsfunksystems am 1. Februar 1999 sind die Küstenfunkstellen und funkausrüstungspflichtigen Schiffe verpflichtet, für die Sprechfunk-Notfrequenzen 2182 kHz auf Grenzwelle und 156,800 MHz auf UKW-Kanal 16 eine ununterbrochene Hörwache zu gewährleisten. Diese Hörwachen dienen dazu, den Empfang von Anrufen in Not-, Dringlichkeits- und Sicherheitsfällen während der Übergangszeit sicherzustellen sowie die Anrufe von ausländischen Seefunkstellen entgegenzunehmen.
Nach der endgültigen Einführung des GMDSS entfällt folglich die Hörwache auf den bisherigen Not-, Sicherheits- und Anruffrequenzen bei allen Seefunkstellen und bei den Küstenfunkstellen. Spätestens bis zu diesem Zeitpunkt müssen alle Schiffe, die am Seefunkdienst teilnehmen wollen, mit DSC-Geräten ausgerüstet sein.
Im terrestrischen Funkdienst werden dann Anrufe, Ankündigungen und Alarmierungen für Not-, Dringlichkeits- und Sicherheitsverkehr nur noch mittels des Digitalen Selektivrufes übermittelt. Im küstennahen Bereich wird der Digitale Selektivruf über UKW auf Kanal 70 (156,525 MHz) abgewickelt. Für Funkverkehr über weitere Entfernungen (ca. 150 Seemeilen) erfolgen die DSC-Aussendungen über Grenzwelle auf der Frequenz 2187,5 kHz. Für den

weltweiten Kurzwellenfunkverkehr stehen insgesamt fünf Frequenzen in den Bereichen 4, 6, 8, 12 und 16 MHz für DSC-Anrufe zur Verfügung.
Die Sportschiffahrt unterliegt zwar keiner Ausrüstungspflicht; wird jedoch auf einer Yacht eine UKW-Seefunkanlage auch heute schon als Sicherheits- und Kommunikationsmedium genutzt, so sollte spätestens zum 1. Februar 1999 auch eine entsprechende Umrüstung mit DSC vorgenommen werden, um nicht ins funk- und sicherheitstechnische Abseits zu geraten.

Ende des Fünfton-Folgerufs

Der Digitale Selektivruf löst 1999 den herkömmlichen analogen Selektivruf ab. Der analoge Selektivruf ist ein Fünfton-Folgeruf, der nur in Richtung Küstenfunkstelle – Seefunkstelle gesendet werden kann. Mit diesem Selektivruf kann die Küstenfunkstelle entweder selektiv eine bestimmte Seefunkstelle rufen oder aber bei Mitteilungen an alle Seefunkstellen mit dem Zusatzcode „CQ" (Charlie Quebec = „An alle Funkstellen") alle mit Selektivruf ausgerüsteten Seefunkanlagen ansprechen.
Wird eine Seefunkstelle von der Küstenfunkstelle mit ihrer Selektivrufnummer analog gerufen, so löst dies bei der gerufenen Seefunkstelle ein akustisches und ein optisches Signal aus. Nachbarschiffe hören zwar den Fünfton-Folgeruf auf Kanal 16, ihre Seefunkgeräte – die ja, wenn überhaupt, auf eine andere Selektivrufnummer programmiert sind – lösen jedoch (im Regelfall) keine Signalisierung aus.
Ein Selektivruf wird bei der gerufenen Seefunkstelle in der Display-Anzeige des UKW-Gerätes mit dem Wort „call" angezeigt. Ein Ruf, der „An alle Funkstellen" gerichtet ist, wird durch die Abkürzung CQ dargestellt. Bei älteren UKW-Seefunkanlagen, die nicht über ein LCD-Display verfügen, erfolgt die Anzeige über Leuchtdioden.
Neben dieser rein optischen Anzeige gibt es einen akustischen Alarm, der sich nach etwa 30 Sekunden automatisch abschalten muß. Der optische Alarm kann über eine *Reset-Taste* gelöscht werden.
Der analoge Selektivruf wird im Gegensatz zum Digitalen Selektivruf immer nur von der Küstenfunkstelle zur Seefunkstelle auf Kanal 16 gesendet. Sollte

früher eine Seefunkstelle am Selektivruf teilnehmen, so erhielt sie nach Antrag vom BAPT zusätzlich zu dem eigentlichen Rufzeichen eine fünfstellige Selektivrufnummer. Diese Nummer wurde dann in den sogenannten Selektivrufdecoder in der UKW-Seefunkanlage eincodiert beziehungsweise bei den moderneren Geräten einprogrammiert.

Seit August 1992 werden jedoch keine Selektivrufnummern mehr vergeben, da zum einen das Kontingent der zur Verfügung stehenden Selektivrufnummern erschöpft ist und zum anderen bis zum 1. Februar 1999 der Digitale Selektivruf eingeführt werden soll, der sowohl von der Küstenfunkstelle als auch von der Seefunkstelle gesendet wird.

Das analoge Selektivrufverfahren läuft zur Zeit noch parallel zum Digitalen Selektivrufverfahren. Mit der endgültigen Einführung des DSC im GMDSS wird das herkömmliche Verfahren jedoch eingestellt.

Welchen Nutzen zieht die Sportschiffahrt aus dem Digitalen Selektivruf-Verfahren im GMDSS?

Im DSC-Verfahren können ungeachtet der jeweiligen Verkehrslage die gewünschten Rufe in Richtung Schiff – Land, Land – Schiff sowie in Richtung Schiff – Schiff gezielt und schnell mittels Datenpaket übermittelt werden. In der endgültigen Ausbaustufe des GMDSS kann bei einigen Küstenfunkstellen eine automatische Durchwahl zum Gesprächsteilnehmer möglich werden, womit die manuelle Vermittlungseinrichtung von seiten der Küstenfunkstelle entfällt und sich damit auch für die Sportschiffahrt die Telefonate nach Land vereinfachen und beschleunigen.
Mit Hilfe der vorgefertigten DSC-Software kann auch der Yachteigner unterschiedliche Anrufpakete für den Not- und Sicherheitsverkehr sowie für verschiedene Arten von Anrufen ohne besondere Priorität zusammenstellen und abspeichern, um diese dann bei Bedarf schnell abzurufen zu können.
Alle ausgesendeten Rufe im jeweiligen Seegebiet werden über den DSC-Wachempfänger automatisch empfangen und im Controller gespeichert und sind somit auch jederzeit zu rekonstruieren. Dies ist insbesondere im Seenot- und Sicherheitsfall von außerordentlicher Wichtigkeit, zumal der jeweilige Status und der Inhalt der Meldung fehlerfrei aufgezeichnet werden. Somit werden Mißverständnisse durch Sprachschwierigkeiten oder Verstümmelungen durch Übertragungen vermieden. Zeitaufwendige Rückfragen bezüglich der Inhalte von Seenot-, Dringlichkeits- und Sicherheitsmeldungen, insbesondere in bezug auf Positions- und Zeitangaben, sind in den meisten Fällen nicht notwendig, da diese Informationen bei Bedarf beliebig oft über das Display des DSC-Controllers abzurufen sind.

Sollte an Bord einer Yacht im Seenotfall keine Zeit mehr verbleiben, um einen näher bezeichneten Seenotalarm auszulösen, so doch zumindest durch Drücken des „roten Knopfes"* ein nicht näher spezifizierter Seenotalarm**. Wenngleich auch dieser Seenotalarm keine Angaben über die Art der Notlage enthält, so werden aber die wichtigsten Informationen wie MMSI, Position nach Breite und Länge, die Uhrzeit, zu der die Position gültig war, und für diesen Fall bezeichnenderweise die Angabe *„undesignated"* gesendet.
Verbleibt jedoch im Seenotfall genügend Zeit, um die Art der Havarie genauer zu bezeichnen, so bietet der DSC-Controller gemäß IMO eine Auswahl möglicher Schadensfälle an, wie zum Beispiel „fire and explosion", „grounding" oder „abandoning the ship".*** Für den schnellen und zielgerichteten Einsatz der Rettungseinheiten sind diese Informationen von großer Bedeutung.
Darüber hinaus wird ein einmal ausgesendeter DSC-Notalarm so lange alle dreieinhalb bis viereinhalb Minuten wiederholt, bis er entweder von einer Küstenfunkstelle bestätigt wird, was die automatische Wiederholung unterbricht, oder bis an Bord des Havaristen der Notruf gestoppt wird. Der Vorteil für den Yachtskipper liegt insbesondere bei kleiner Besatzung auf der Hand. Der Funker kann sich nach dem erstmaligen Aussenden des DSC-Notalarms wichtigeren Arbeiten zur Vermeidung weiterer Schäden widmen.
Nachdem ein einmal ausgesendeter DSC-Notalarm von allen DSC-Wachempfängern innerhalb der Funkreichweite automatisch empfangen und im DSC-Controller abgespeichert wird, ist es – für den Fall, daß das Schiff sinkt oder daß die Funk- oder die Antennenanlage weiteren Schaden nimmt – mit den gespeicherten Informationen ein leichtes, für den Havaristen „MAYDAY RELAY" zu geben. In diesem Falle wird das im DSC-Controller gespeicherte Datenpaket vollinhaltlich als MAYDAY RELAY-Meldung ausgesendet, ohne gegebenenfalls durch Mißverständnisse verfälscht zu werden.

---

* Gemeint ist die Taste DISTRESS ALERT, die auf allen Geräten besonders gekennzeichnet ist und zur Auslösung des Seenotalarms gedrückt werden muß.

** Undesignated Distress Alert (nicht näher bezeichneter Seenotalarm)

*** Weitere mögliche Arten des Notfalls gemäß IMO s. S. 99.

Von unschätzbarem Nutzen für die Sportschiffahrt ist neben der Auslösung eines Seenotalarms im terrestrischen Funk, zum Beispiel über UKW, die vom Bordnetz unabhängige Alarmierung über Satellit. Die sogenannten Satelliten-Seenotfunkbaken, die auch unter der englischen Kurzbezeichnung EPIRB* bekannt sind, ermöglichen eine weltweite Alarmierung der jeweils zuständigen Rettungsleitzentrale im günstigsten Falle innerhalb von zwei Minuten. (Mehr dazu siehe Seite 104.)

* Emergency Position Indicating Radio Beacon

Rettung aus Seenot dank EPIRB-Alarmierung

Seeunfall der „Filos“ südöstlich von Gotland

Erklärung zur „Verklarung“ eines Seeunfalls
Botschaft der Bundesrepublik Deutschland
Stockholm, den 26. September 1994
Ich, A.B., Eigner und Schiffsführer der Segelyacht FILOS/DH8981, erkläre hiermit:

Die Segelyacht FILOS/DH 8981 läuft am 26. 09. 1994 um etwa 01.00 Uhr mit Kurs 180° unter Maschine mit vollem Groß und Genua mit einer Geschwindigkeit von etwa 7 Knoten. Position 56° Nord und 019° Ost. Seegang 1 – 2, Wind 2 – 3 Bft. Ich gehe Ruder, mein Freund U.D. schläft in der Steuerbordkoje unter Deck. Plötzlich kollidiert die Stahlyacht mit einem nicht sichtbaren Hindernis. Ich denke zuerst, wir sind auf Grund gelaufen. Ich wende hart über Backbord. Nach dem Durch-den-Wind-Gehen lege ich die Yacht mit unveränderten Schoten bei und belege das Ruder.

U.D. stürzt hoch und meldet „Wasser im Schiff“. Ich versuche sofort, über UKW MAYDAY zu geben. Dieser Hilferuf geht aber vermutlich gar nicht mehr raus, weil die Trennstelle des Antennenkabels bereits unter Wasser ist. Das Wasser steigt stetig. Das Echolot läuft, hat aber keine Anzeige mehr. Vermutlich wurde bei der Kollision der Echolotgeber beschädigt.

Wir versuchen, das Leck abzudichten, doch es ist sinnlos – das Wasser steigt. Ich befehle: „Rettungsinsel!“ Wir raffen das Wichtigste zusammen und stopfen es in den Genua-Segelsack. Die Beleuchtung in der Kajüte geht aus. Wir werfen die Rettungsinsel ins Wasser, sie bläst sich auf, und U.D. geht sofort von Bord. Ich reiche ihm den Segelsack hinterher und bemerke, daß die EPIRB fehlt. Ich gehe ein letztes Mal unter Deck und hole die EPIRB, dabei reicht mir das Wasser bereits bis zu den Hüften. Ich stürze an Deck,

ziehe die Rettungsinsel heran und werfe die Boje hinein. Als ich in die Insel springen will, sackt das Schiff unter mir weg.
Wir sind unverletzt in der Rettungsinsel, schießen Rot, aktivieren die COSPAS/SARSAT-EPIRB und warten auf Rettung.
Ich kann im nachhinein nicht mit Bestimmtheit sagen, ob alles genau in der geschilderten Reihenfolge geschah, ebenso bin ich mir über die Zeit, die zwischen Kollision und Untergang des Schiffes vergangen ist, im unklaren. Ich glaube, es waren 5 bis 10 Minuten, vielleicht auch etwas mehr.
gez. A.B. gez. U.D.

Aufgrund von Nachforschungen ergab sich Monate später folgender zeitlicher Ablauf der Alarmierung: Der Alarm wurde um 01.31 Uhr von der Station Bodö empfangen und von dort aus an das ARCC* Örlandet weitergeleitet. Erst um 04.00 Uhr erhält das MRCC** Stockholm die Nachricht mit einer entsprechenden Positionsangabe. Der Helikopter wird um 04.02 Uhr informiert und startet um 04.45 Uhr. Um 05.15 Uhr ist er an der Unfallstelle und nimmt um 05.52 Uhr die beiden Havaristen an Bord.

Clotilde – Herzinfarkt 80 Meilen vor Key West

Am 29. April 1994 wurde ein Hubschrauber der US Coast Guard eingesetzt, um den auf 121,5 MHz empfangenen Alarm einer EPIRB 80 Meilen vor Key West, Florida, zu verfolgen. Es wurde eine Segelyacht unter Vollzeug entdeckt, aber es konnte keine Funkverbindung mit diesem Schiff aufgenommen werden. Dank der Mithilfe eines Handelsschiffes stellte sich heraus, daß der Skipper einen Herzinfarkt hatte und die zweite an Bord befindliche Person nicht in der Lage war, das Schiff zu segeln. Beide Personen wurden abgeborgen und in ein nahegelegenes Krankenhaus gebracht.

* Air Rescue Control Center
** Maritime Rescue Control Center

Kajak-Kenterung vor Spitzbergen

Am 20. Juni 1994 kenterte eine Frau mit ihrem Kajak vor Spitzbergen in Norwegen. Das Signal ihrer 406-MHz-PLB *(Personal Locator Beacon)* erreichte das norwegische MRCC um 11.08 Uhr. Um 11.25 empfing ein Rettungsboot das Homing-Signal auf 121,5 MHz. Um 11.52 Uhr rettete ein Helikopter die völlig unterkühlte Frau. Dank der EPIRB konnte sie – wenn auch mit einer Körpertemperatur von 33,9°C – ins Krankenhaus eingeliefert werden.

Cracia del Mar brennend 140 Meilen vor Teneriffa

Am 23. Dezember 1994 empfing der spanische *Local User Terminal (LUT)* einen 406-MHz-Alarm mit einer Ortsbestimmung ca. 140 Meilen vor Teneriffa. Das spanische *Mission Control Center (MCC)* leitete alle Informationen sofort an das spanische *Rescue Co-ordination Center (RCC)* weiter. Darüber hinaus wurden noch Informationen von den französischen, norwegischen und britischen MCC erhalten und ebenfalls weitergeleitet.

Eine Stunde später fand eine Fokker der 802. Flotte der spanischen Luftwaffe ein brennendes Containerschiff. Die achtzehn Crewmitglieder hatten das Schiff bereits verlassen und warteten in zwei Rettungsbooten auf Hilfe. Ein Crewmitglied hatte schwerste Verbrennungen. Alle Besatzungsmitglieder konnten gerettet werden.

Empfehlenswerte Yachtausrüstung

Eine kleine Yacht, die lediglich im küstennahen Bereich eingesetzt wird, ist sicher nicht in dem Umfang auszurüsten wie eine Yacht für eine Weltumsegelung. Wie wir bereits wissen, wird auch in der Berufsschiffahrt der Umfang der notwendigen Ausrüstung nicht nach der Tonnage, also nach der Größe des Schiffes bemessen, vielmehr stellt das befahrene Seegebiet die entsprechende Bemessungsgrundlage dar.
In der vom Bundesamt für Seeschiffahrt und Hydrographie (BSH) herausgegebenen Broschüre „Sicherheit im See- und Küstenbereich" (Ausgabe 1995) findet man neben allgemeinen Sorgfaltsregeln für Wassersportler und einer „Übersicht über die Sicherheitsausrüstung für seegehende Sportfahrzeuge" im Zusammenhang mit GMDSS folgendes:

Ausrüstungsempfehlung für die Sportschiffahrt

● **für Fahrten im Seegebiet A1 (Küstennähe bis 30 Seemeilen):**
- UKW-Seefunkanlage mit DSC-Codierer; wechselseitige Überwachung der Kanäle 16 und 70*
- Satelliten-Seenotfunkbake (vorzugsweise Inmarsat-E)
- Radartransponder

* Kanal 16 ist der internationale Seenot- und Anrufkanal, Kanal 70 ist dem Digitalen Selektivruf (DSC) vorbehalten.

● **für Fahrten außerhalb von A1-Seegebieten:**

- GW- bzw. KW-Seefunkanlage mit DSC-Codierer
  oder
- Satellitenkommunikationsanlage (Inmarsat-Schiffs-Erdfunkstelle)
- NAVTEX-Empfänger oder KW-Funktelexempfänger zum Empfang der Maritime Safety Information auf Kurzwelle oder EGC-Empfänger (über Inmarsat-C)
- Satelliten-Seenotfunkbake (für die Seegebiete A2 und A3, gesamte Erdabdeckung ohne Pole, vorzugsweise Inmarsat-E)
- Radartransponder

● **Zur weiteren Erhöhung der Sicherheit**

wird die Ausrüstung mit

- einem UKW-Handsprechfunkgerät
  oder
- einer Reserveantenne für die UKW-Seefunkanlage

empfohlen.

Neue UKW-DSC-Sprechfunkgeräte und DSC-Controller

Bedarf in der Sportschiffahrt

Man kann davon ausgehen, daß praktisch fast jede seegehende Yacht zumindest mit einer UKW-Seefunkanlage ausgerüstet ist. Nachdem die endgültige Einführung des Digitalen Selektivrufs erst am 1. Februar 1999 abgeschlossen sein wird, besteht für sie also (noch) kein Handlungsbedarf. Die Eigner jedoch, die neu ausrüsten möchten beziehungsweise die aus technischen oder betrieblichen Gründen ihre Seefunkanlage nicht mehr länger betreiben können oder aufgrund von geänderten Zulassungsbestimmungen nicht mehr benutzen dürfen, suchen neue Seefunkanlagen, die auch über das Jahr 1999 hinaus eingesetzt werden können. In der Sportschiffahrt sind also Seefunkanlagen gefragt, die in Zukunft nachrüstbar sind.
Dies bedeutet, daß die gewünschte Funkanlage mit einem DSC-Controller – der neben der eigentlichen Funkanlage ein separates Gerät für die Eingabe darstellt – sozusagen nachrüstbar sein muß.
Außerdem sollen diese neuen Seefunkanlagen auch auf kleinen Schiffen Platz finden, und es ist je nach Bordgegebenheiten oftmals wünschenswert, daß sie von zwei unterschiedlichen Orten aus bedient werden können.
So möchte beispielsweise der Segler, der während des Törns ungern vom Rad oder von der Pinne weicht, eine Sprechmöglichkeit sowohl in der Plicht als auch in der Navigationsecke haben. Eine Umsteckmöglichkeit des Bedienhörers soll das Telefonieren im Cockpit oder in der Navigationsecke ermöglichen.
Der Motorbootskipper, der bei schönem Wetter sein Schiff ausschließlich von der Fly-bridge aus steuert, wünscht an beiden Steuerständen ein Bediengerät für die Seefunkanlage.

Wichtig hierbei ist, daß die UKW-Funkanlage tatsächlich mit einem *Bedienhörer* und nicht nur mit einem einfachen *Handhörer* ausgestattet ist, denn mit diesem ist eine Mehrplatzfähigkeit nicht gegeben.
Zur Zeit gibt es zwei Anbieter auf dem Markt, die diesen Wünschen nachkommen: die dänischen Hersteller Skanti und Shipmate. Der deutsche Importeur und Zulassungsinhaber für die Skanti-Geräte ist die Hamburger Firma Hagenuk, über die seit Jahren die Seefunkanlage USE 300 vertrieben wird. Die Shipmate-Geräte werden über die Emdener Firma Simrad Shipmate Robertson in Deutschland importiert und zugelassen.
Bei den heute zugelassenen UKW-Seefunkanlagen sind die wichtigsten technischen Daten aufgrund der Zulassungsbestimmungen praktisch identisch. Die Seefunkgeräte haben eine Ausgangsleistung von maximal 25 Watt, die wahlweise auf 1 Watt reduziert werden kann. Es sind alle internationalen Kanäle von 01 bis 28 und 60 bis 88 schaltbar, wobei der Kanal 70 für DSC-Aussendungen vorbehalten ist. Alle Geräte besitzen als Mindestausstattung eine Zwei-Kanal-Überwachung (Dual Watch, DW), mit der Kanal 16 und ein weiterer, frei wählbarer Kanal überwacht werden können. Die meisten Geräte verfügen darüber hinaus über Sendersuchlauf-Möglichkeiten, sogenannte *Scan-Funktionen.*

Hagenuk USE 300

Die UKW-Funkanlage USE 300 ist ein Funktelefon für Simplex- und Semi-Duplex-Betrieb, mit synthetischer Frequenzaufbereitung. Zusätzlich zur bekannten Zwei-Kanal-Überwachung verfügt dieses Gerät über eine Scan-Funktion zum Abtasten von bis zu 10 Kanälen.
Die Anlage besteht aus der Sender-Empfänger-Einheit und dem Bedienapparat. Die mit Mikroprozessor gesteuerten Funktionen sind über den spritzwasserdichten und staubgeschützten Handapparat zu steuern. Als Besonderheit ist zu erwähnen, daß diese UKW-Funkanlage mit bis zu neun abgesetzten Bedieneinheiten erweitert werden kann, die in maximal 25 Metern von der Sender-Empfänger-Einheit entfernt installiert sein können. Hierbei ist individuell ein Prioritäts-, Parallel- oder Reihenbetrieb wählbar. Auf diese Weise ist auf großen Yachten mit zwei Steuerständen, einem separaten Na-

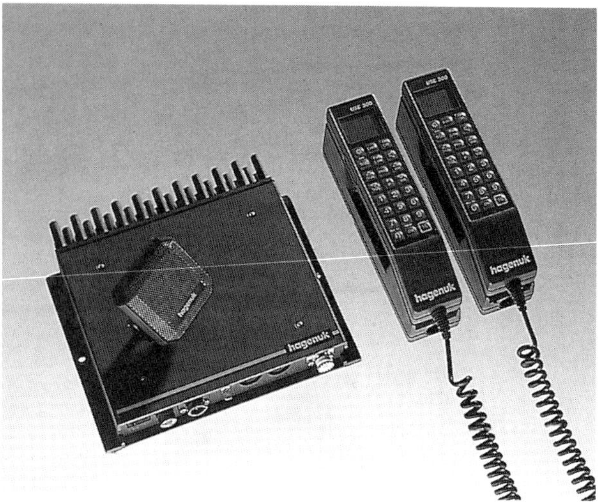

UKW-Funkanlage USE 300 (Hagenuk): Sende-Empfangseinheit 240 x 210 x 47 mm, Bedienhörer mit Halterung 52 x 213 x 79 mm

Controller-Receiver DSC 3000 (Hagenuk-Skanti): 330 x 132 x 90 mm

vigationsplatz, Salon oder mehreren Kabinen das Telefonieren von jedem gewünschten Ort aus möglich.
Die Anlage ist für das Digitale Selektivrufverfahren geeignet und sowohl in einer 12-Volt- als auch in einer 24-Volt-Version verfügbar.

Hagenuk – Skanti DSC 3000 Modem

Der DSC-Controller ist mit einem eingebauten Empfänger für Kanal 70 ausgestattet. Das Gehäuse ist spritzwasserdicht und verfügt über ein großes, hintergrundbeleuchtetes, vierzeiliges LCD-Display. Über ein maximal 100 Meter langes, dünnes Kabel können bis zu fünf DSC-Controller parallelgeschaltet werden. Mit den Abmessungen von 330 x 132 x 90 mm ist dieser DSC-Controller nicht gerade für die kleinsten Yachten verwendbar.

Shipmate RS 8300 – mit SOS-Taste

Zu dem kompakten System gehören der spritzwassergeschützte Hörer mit allen Bedienfunktionen, die abgesetzte, zigarrenschachtelgroße Sende-Empfangs-Blackbox, die diebstahlgeschützt überall installiert werden kann, und der spritzwassergeschützte Lautsprecher.
Diese Anlage kann auch über ein 20 Meter langes Kabel – mit einem zweiten Bedienhörer ausgestattet – als sogenannte Dual-Anlage installiert werden, wobei ein bordinternes Gegensprechen vom einen zum anderen Steuerstand möglich ist. Über die beiden Bedienhörer sind alle Funktionen in direktem Zugriff. Die Anlage bietet neben der vorgeschriebenen Zwei-Kanal-Überwachung drei Sendersuchlauf-Möglichkeiten:

- alle Kanäle
- alle Kanäle bis auf zwei
- zehn frei wählbare Kanäle

Als Besonderheit bei der Seefunk-Version gibt es eine SOS-Taste. Wird die Sende-Blackbox mit einem GPS-Navigator verbunden und ist außerdem die MMSI in das Gerät einprogrammiert, kann im Seenotfall über die SOS-Taste

UKW-Seefunkanlage RS 8300 mit SOS-Taste (Shipmate): Sende-Empfangseinheit 184 x 155 x 42 mm, Bedienhörer mit Halterung 58 x 192 x 49 mm

ein Notruf ausgesendet werden, wenn auch in verkürzter Form. Beim dreimaligen Drücken der Taste SOS werden die MMSI, Position und Uhrzeit als Datenpaket auf Kanal 70 gesendet.

Wohlgemerkt: Mit dieser Anlage kann lediglich ein verkürzter Notruf gesendet werden. Die spätere Erweiterung mit einem DSC-Controller ist nicht möglich. Die Anlage hat auch keine Empfangsmöglichkeit auf Kanal 70, was für die Praxis bedeutet, daß der einmal gestartete Notruf durch die empfangende Funkstelle nicht über DSC, sondern nur verbal auf Kanal 16 bestätigt werden kann und somit so lange gesendet wird, bis an Bord des Havaristen die Aussendung manuell unterbrochen wird.

Shipmate RS 8400 Single – Seefunk

Die UKW-Seefunkanlage paßt sich den technischen Veränderungen an. Entsprechend den Erfordernissen an Bord und den besonderen Wünschen des Eigners kann sie in mehreren Stufen – je nach den GMDSS-Vorschriften – nachgerüstet werden.
In der Grundversion als reine UKW-Seefunkanlage erinnert das Gerät an die

UKW-DSC-Funkanlage RS 8400 mit Bedienhörer und DSC-Controller (Shipmate): Abmessungen der UKW-Funkanlage wie RS 8300, DSC-Controller 192 x 79 x 115 mm

beiden Vorgängertypen RS 8100 und RS 8300. Im Gegensatz aber zum RS 8300 verfügt der Bedienhörer des RS 8400 *nicht* über eine direkte SOS-Taste, weil bei angeschlossenem DSC-Controller im Seenotfall der *Distress Alert* (s. S. 46) ohnedies am Controller editiert und ausgelöst wird.
Für eine Yacht mit zwei Steuerständen ist die Anlage als Dual-Version lieferbar, die auch als bordinterne Sprechanlage (Wechselsprechanlage) vom Innensteuerstand zur Fly-bridge eingesetzt werden kann.
Die eigentliche UKW-Seefunkanlage läßt sich durch ein zusätzliches Eingabegerät, den DSC-Controller, erweitern. Diese DSC-Bedieneinheit ist außergewöhnlich klein und für die Sportschiffahrt gut geeignet. In diese Einheit sind die gesamte DSC-Technik sowie der Kanal-70-Wachempfänger integriert. In dem übersichtlichen, achtzeiligen Grafikdisplay erscheinen die Informationen zum Gespräch in schwarzer Schrift auf grünem Hintergrund. Per Tastendruck kann im Seenotfall entweder sofort ein nicht näher bezeichneter Notruf gesendet werden, oder aber es können – wenn genügend Zeit verbleibt – über das Menü weitere Informationen zur Art des Notfalls hinzugefügt werden.

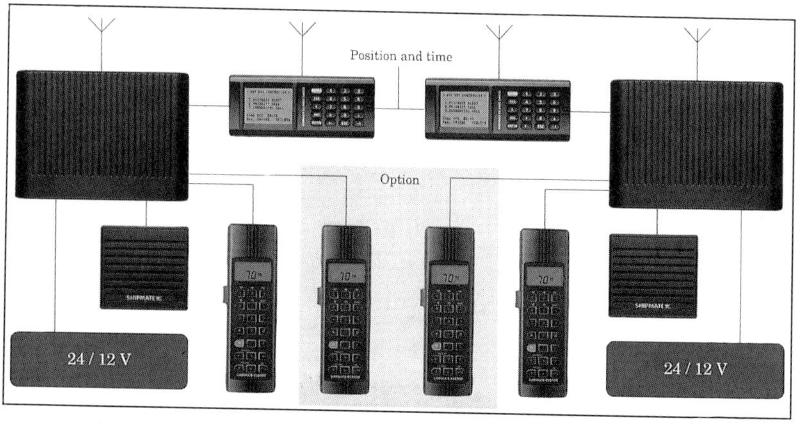

UKW-DSC-Funkanlage RS 8400 (Shipmate) in gedoppelter GMDSS-Version gemäß SOLAS-Bestimmungen

Ist die Anlage über die NMEA-Schnittstelle mit einem Navigationsempfänger gekoppelt, wird zusätzlich zur MMSI und zur Art der Havarie die Position mit Zeitangabe und aktuellem Datum gesendet.
Die Anlage RS 8400 DSC ist mit einem zusätzlichen Bedienhörer und einem zweiten Lautsprecher als Dual-Anlage zu nutzen.
Das Nonplusultra stellt die Version GMDSS dar, in der praktisch eine Doppelung vorgenommen wird: mit jeweils zwei Sende-Blackboxen, DSC-Controllern, Lautsprechern und Bedienhörern in der Standardversion oder mit vier Bedienhörern als Extraausstattung. In dieser Ausführung entspricht die UKW-Seefunkanlage RS 8400 den SOLAS-Bestimmungen für Schiffe, auf denen Personal nach den Vorschriften der See-Berufsgenossenschaft beschäftigt ist. Yachteigner unterliegen dieser Ausrüstungspflicht nicht.

Sailor RT 2048

Die Simplex/Semi-Duplex-UKW-Sprechfunkanlage RT 2048 ist Teil des Sailor Compact-2000-Programms, das von S. P. Radio in Dänemark – einem der führenden europäischen Seefunkgeräte-Hersteller – entwickelt wurde. Das kompakte Gehäuse enthält Sender, Empfänger und einen 6-Watt-Lautsprecher.
Ein besonderer Vorteil besteht darin, daß man durch den Anschluß des UKW-DSC-Controllers RM 2042, der die gleichen Gehäuseabmessungen wie die Anlage RT 2048 hat, eine komplette DSC-Anlage erhält, mit eingebautem Wachempfänger für Kanal 70 und vollautomatischer Seenotalarmierung. Diese Anlage verfügt über eine einfach zu bedienende Menüsteuerung. Die betriebsnotwendigen Informationen werden über ein zweizeiliges Display angezeigt.
In der gleichen Baureihe wird mit der Bezeichnung RT 2047 eine Duplex-UKW-Seefunkanlage angeboten. Diese Anlage verfügt neben der Duplex-Funktion über alle vorgenannten Funktionen und ist ebenfalls für den Anschluß eines DSC-Controllers geeignet.

UKW-Seefunkanlage „Sailor“ Compact RT 2048 (unten): 104 x 252 x 186 mm. DSC-Anlage RM 2042 mit Kanal-70-Wachempfänger (oben): 115 x 252 x 235 mm

„Sailor“ Compact RT 2048 und RM 2042: Doppelung der Anlage nach SOLAS

Debeg 3817 UKW-DSC-Controller

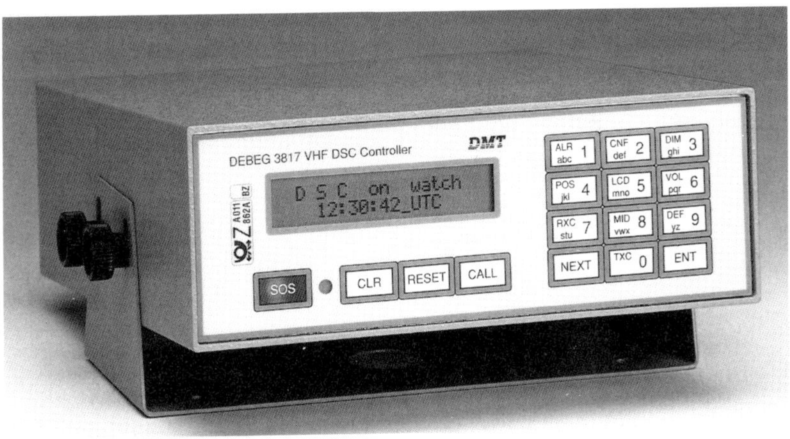

UKW-DSC-Controller Debeg 3817: 73 x 207 x 238 mm

Hauptfunktionen des DSC-Controllers

Gemäß den Forderungen der VO Funk in bezug auf die Gerätekonfiguration sind die Hauptfunktionen von DSC-Controllern unabhängig vom Gerätetyp und vom Hersteller vergleichbar. Die im folgenden genannten unterschiedlichen Rufe werden im DSC-Controller zusammengestellt. In der Fachliteratur und in den Bedienhandbüchern findet man hierfür auch die Ausdrücke „editieren" beziehungsweise „generieren". Gemeint ist aber immer das Zusammenstellen und Aussenden verschiedener Informationsinhalte beziehungsweise das automatische Abspeichern und das Weiterverarbeiten der empfangenen Rufe.

Editieren von Funkrufen

Die folgenden Beispiele sind nach Priorität zusammengestellt – wie aus der praktischen Verkehrsabwicklung im Seefunkverkehr bekannt.

- **Notalarme** – Über den DSC-Controller werden Notalarme gesendet und empfangen, wobei jeweils die Art des Notfalls sowie die Havarieposition nach Breite und Länge übermittelt werden sollten.

- **Dringlichkeits- und Sicherheitsmeldungen** – Über den DSC-Controller werden Dringlichkeits- und Sicherheitsmeldungen je nach benötigtem Inhalt zusammengestellt und ausgesendet.

- **Telefongespräche** – Gesprächsanmeldungen vom Schiff zur Küstenfunkstelle beziehungsweise von der Küstenfunkstelle zum Schiff erfolgen über DSC. Ein Automatikbetrieb ist geplant, das heißt, daß über den Digitalen Selektivruf direkt ins öffentliche Nachrichtennetz des jeweiligen Landes hineingewählt werden kann und von dort weiter in andere Länder.

- **Selektivrufe** – Über den DSC-Controller ist auch das Senden und Empfangen von selektiven Rufen möglich, also gezielt an eine bestimmte Seefunkstelle oder an eine bestimmte Küstenfunkstelle.

- **CQ-Rufe** – Das Senden und Empfangen von Rufen an alle Schiffe und von allen Schiffen ist ebenfalls über den DSC-Controller abzuwickeln.

- **Gruppenrufe** – Über den DSC-Controller sind auch bestimmte Gruppen, zum Beispiel einzelne oder alle Schiffe einer Flotte zu rufen.

Programmieren

Je nach Hersteller sind im DSC-Controller eine gewisse Anzahl verschiedener Schiffsidentifikationsnummern und Telefonnummern sowie verschiedene Arten von Anrufen zu speichern. So bietet zum Beispiel der UKW-DSC-Controller 3817 (Debeg) folgende Programmiermöglichkeiten:

- **Programmieren von zu sendenden DSC-Rufen** – Bis zu 10 häufig benutzte Anrufe können zur Aussendung gespeichert werden. Dabei können Teile des Rufes, wie die Telefonnummer oder Adresse der empfangenden Station, zum späteren Zeitpunkt eingefügt werden.

- **Programmieren von MMSI-Nummern** – Die 25 am häufigsten genutzten MMSI-Nummern mit dem Namen der jeweiligen Küstenfunkstelle beziehungsweise mit dem Namen der jeweiligen Seefunkstelle können in diesem Speicher abgelegt werden. Die Angaben können durch Eingabe der entsprechenden Speicherplatznummer oder des Namens ausgewählt werden.

- **Programmieren von Telefonnummern** – Die 25 am häufigsten benutzten Telefonnummern können in diesem Speicher abgelegt werden. Auch hierbei erfolgt die Auswahl aus dem Speicher durch Eingabe der entsprechenden Speicherplatznummer beziehungsweise des Namens.

● **Programmieren von Gruppenrufnummern** – Es können bis zu 5 Gruppenrufnummern abgelegt werden, über die sich der Controller im Rahmen von Gruppenrufen ansprechen läßt.

Automatisches Speichern

Insbesondere im Seenotfall ist es für die Sicherheit des Havaristen von großem Vorteil, daß der einmal ausgesandte Notruf (Distress Alert) von allen DSC-Controllern, die innerhalb der Reichweite über den automatischen Wachempfänger auf Kanal 70 (156.525 MHz) diesen Notruf empfangen haben, automatisch abgespeichert wird. Fehler bei der Abgabe von Notanruf und Notmeldung beziehungsweise Hörfehler beim Mitschreiben sind praktisch ausgeschlossen. So bietet zum Beispiel der UKW-DSC-Controller 3817 folgende Speichermöglichkeiten:

● **Speichern von empfangenen Rufen** – Die letzten 20 empfangenen Notalarme und die letzten 20 empfangenen Funkrufe werden gespeichert und können in kurzer oder detaillierter Form angezeigt werden.

● **Speichern von gesendeten Rufen** – Um ein schnelles Wiederholen des Sendens zu ermöglichen, speichert die Anlage automatisch die fünf zuletzt gesendeten Rufe.

Displayanzeigen

Zur Anzeige wird zum Beispiel beim DSC-Controller von Debeg und beim RM 2042 von Sailor ein zweizeiliges LCD-Display mit getrennter Einstellmöglichkeit für Helligkeit und Kontrast verwendet. Der DSC 3000 von Hagenuk verfügt über ein vierzeiliges, der DSC-Controller von Shipmate sogar über ein achtzeiliges Display.

Schnittstellen

Die meisten DSC-Controller beinhalten entweder bereits in der Grundversion oder zumindest als Option Schnittstellen für folgende Funktionen:

● **Externe SOS-Taste** – Mit einem externen Drucktaster, der sogenannten SOS-Taste, kann im Seenotfall ein Notruf, der nicht näher bezeichnet ist, fernbedient ausgelöst werden.

● **Externer Alarm** – Über ein externes Alarmgerät können alle empfangenen Not-, Dringlichkeits-, Sicherheits- und Routinerufe auch akustisch angezeigt werden.

● **NMEA-Schnittstelle zum Navigator** – Über die NMEA-Schnittstelle ist zum Beispiel ein GPS-, Decca- oder Loran-C-Navigator anzuschließen.

● **Externer Druckeranschluß** – Nicht nur für etwaige Seeamtsverhandlungen, sondern auch für das korrekte Führen des Funktagebuches und des Logbuchs ist der Anschluß eines Protokolldruckers über den seriellen Ausgang von großem Vorteil.

Neue GMDSS-UKW-Handfunkgeräte

Zur Pflichtausrüstung nach SOLAS gehören je nach Seegebiet (s. S. 15) und Schiff bis zu drei Handfunkgeräte. Die GMDSS-UKW-Handfunkgeräte sind für den Notfall konstruiert, halten rauhesten Anforderungen stand und entsprechen den SOLAS-Anforderungen. Wasserdichte Handfunkgeräte werden bei Totalausfall der Funkanlage, zum Beispiel nach Durchkentern, oder in der Rettungsinsel zur Kontaktaufnahme mit den Rettungseinheiten eingesetzt.
Aus Sicherheitsgründen sollte zumindest *ein* wasserdichtes Handfunkgerät zusätzlich zur festinstallierten UKW-Seefunkanlage an Bord eines seegehenden Schiffes mitgeführt werden. Wichtig dabei ist, daß auch Handfunkgeräte vom Bundesamt für Zulassungen in der Telekommunikation (BZT) geprüft und zugelassen sein müssen, wenn sie an Bord einer deutschen Seefunkstelle eingesetzt werden.

Handfunkgerät ICOM IC-GM1500: 351 x 61 x 37 mm. Das stoßfeste, wasserdichte Gehäuse verhindert bei einer Eintauchtiefe von einem Meter mindestens fünf Minuten lang das Eindringen von Wasser. Eine Lithium-Batterie mit 3600 Ah gewährleistet einen achtstündigen Betrieb (links).

Handfunkgerät AXIS 200 (NAVICO): 308 x 79 x 42 mm, Gewicht 600 g. Das ergonomisch geformte Gehäuse ermöglicht gute Einhandbedienung. Die Funktionen sind über Gummitasten mit Druckpunkt zu schalten. Das Gerät ist stoßfest und bis 1 m Tiefe wasserdicht (rechts).

ICOM FA-S55V
WATERPROOF
ICOM
LOCK
DIAL
LIGHT
VHF MARINE TRANSCEIVER
IC-GM1500
OPERATION

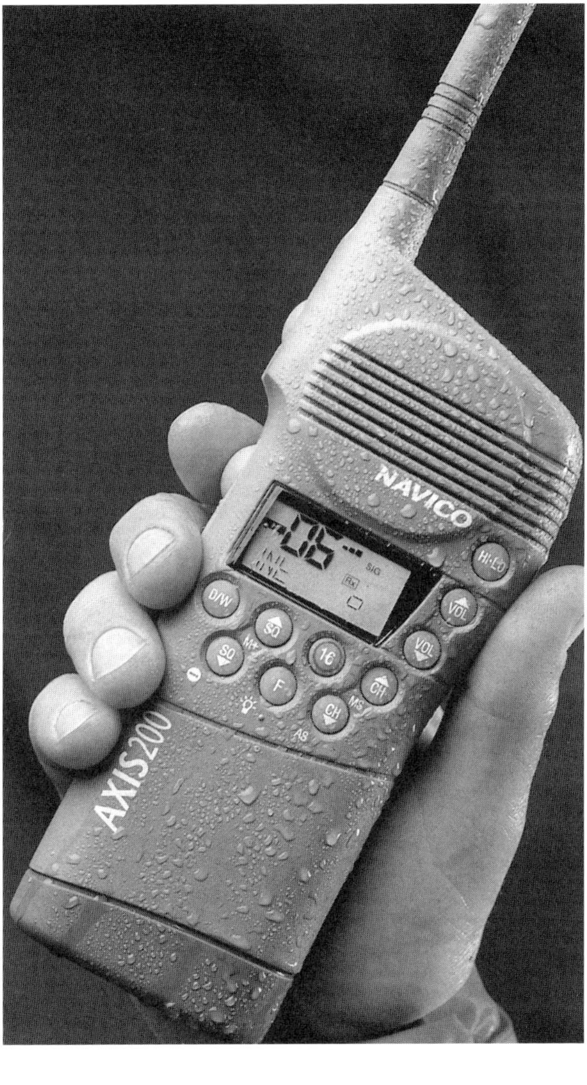
NAVICO
HI-LO
D/W
SQ
VOL
16
F
CH
AXIS200

DSC im Seefunk – ATIS im Rheinfunk

Im folgenden sind alle jene angesprochen, die zwar im Urlaub mit ihrem Schiff zur See fahren, die aber während der restlichen Zeit des Jahres Binnenwasserstraßen oder Binnenseen befahren.
Zunächst: Als *Seefunkstelle* bezeichnet man eine auf einem Schiff festinstallierte Funkanlage des Seefunkdienstes. Die *Genehmigung zum Betreiben* der Seefunkanlage erteilt das BAPT Außenstelle Hamburg.
Eine UKW-Sprechfunkanlage des Rheinfunkdienstes*, die auf einem nicht ständig verankerten Binnenfahrzeug installiert ist, bezeichnet man – im Ge-

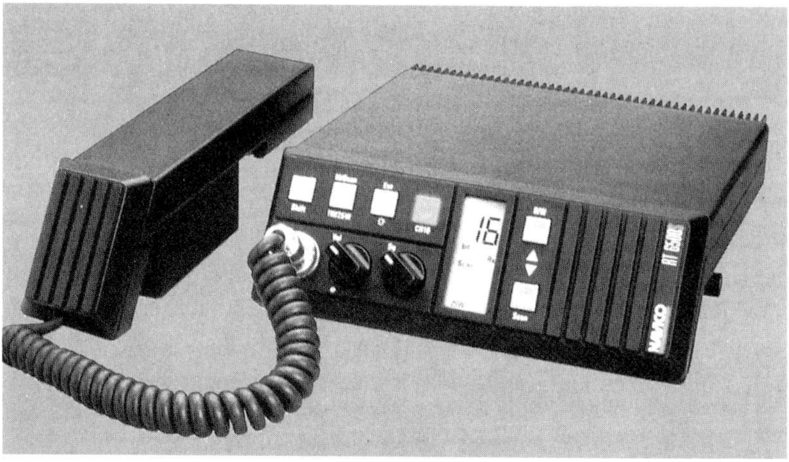

UKW-Rheinfunkanlage RT 6500 mit ATIS (NAVICO): 65 x 190 x 235 mm

* Der Begriff „Rheinfunk“ wird Ende 1996 geändert in „Binnenschiffahrtsfunk“.

UKW-Rheinfunkanlage MC 8000 mit ATIS (Dantronik): 45 x 130 x 180 mm

gensatz zur Seefunkstelle – als *Schiffsfunkstelle.* Die Genehmigung für die Teilnahme am Rheinfunkdienst erteilt das BAPT, Außenstelle Mülheim.
Seit dem 1. Januar 1995 sind nur mit einem ATIS-Coder ausgestattete UKW-Sprechfunkgeräte genehmigungsfähig. ATIS bedeutet: *Automatic Transmitter Identification System,* ist also ein System für die automatische Identifizierung von Schiffsfunkstellen. Bereits genehmigte Anlagen müssen spätestens ab 1. September 1996 mit ATIS versehen sein oder gegen ATIS-Geräte ausgetauscht werden.
Nach Beantragung bei der zuständigen Behörde erhält eine Schiffsfunkstelle neben dem *Rufzeichen* als Unterscheidungszeichen die *ATIS-Nummer.* Hierbei handelt es sich um eine zehnstellige Ziffernfolge.

Rufzeichen: **DC 1234**

ATIS-Nummer: **9 211 03 1234**

- 1234 – Rufzeichen
- 03 – Charlie (3. Buchstabe im Alphabet)
- 211 – MID – Länderkennzahl für Deutschland
- 9 – Rheinfunk

Diese Ziffern werden in den Sender der UKW-Funkanlage fest einprogrammiert. Das ATIS-Signal wird auf dem jeweils benutzten Kanal am Ende einer jeden Aussendung, das heißt beim Loslassen der Sendetaste, digital gesendet. Somit ist eine zweifelsfreie Identifizierung von Aussendungen einer Funkstelle möglich, was zum Beispiel bei Notsituationen, Defekten an den Funkgeräten, aber auch bei Verstößen gegen die Funkvorschriften das Aufklären von Sachverhalten erleichtert.
Neue Rheinfunkgeräte werden bereits mit integriertem ATIS-Coder geliefert. Geräte aus früheren Fertigungen sind zum Teil nachzurüsten.
Mit der Einführung von ATIS hat sich für *Seefunk*stellen eine gravierende Änderung ergeben: Bislang konnten sie sowohl am Seefunk- als auch am Rheinfunkdienst teilnehmen. Seit 1.1.1995 dürfen sie es aber nur noch dann, wenn neben der Seefunkanlage eine Rheinfunkanlage mit ATIS installiert ist. Ein ausschließlich mit einer Seefunkanlage ausgerüstetes Schiff kann folgerichtig nicht mehr am Binnenschiffahrtsfunk teilnehmen, denn ohne ATIS ist keine Senderidentifizierung möglich.
Die Schiffsfunkstelle dagegen kann – zumindest bis zum 1. Februar 1999 – ohne Schwierigkeiten am Seefunkdienst teilnehmen, wobei aber eine spätere Aufrüstung auf DSC bei den meisten Geräten nicht möglich ist.
Für den Skipper, der nur einige Wochen im Jahr auf See fährt und der die restliche Zeit im Binnenland unterwegs ist, erscheint zur Zeit wohl die An-

schaffung einer Rheinfunkanlage mit ATIS als mittelfristige Lösung sinnvoll, in der Annahme, daß sich bis zum Jahr 1999 mit der endgültigen Einführung des DSC im Weltweiten Seenot- und Sicherheitsfunksystem (GMDSS) noch weitere Änderungen ergeben, die wieder andere Betrachtungsweisen zulassen. Die eleganteste – wenn auch teuerste – Lösung ist auch heute schon eine ATIS-Anlage für den Rheinfunk und eine DSC-Anlage für den Seefunk.
Fakt ist jedoch zur Zeit, daß mit einer reinen ATIS-Anlage kein Digitaler Selektivruf möglich ist und daß – selbst wenn sich die Geräte mancher Hersteller zum Verwechseln ähnlich sehen – auch mit einer „Nur-ATIS-Anlage" nicht automatisch durch Drücken einer roten SOS-Taste im Seenotfall ein Seenotalarm ausgelöst werden kann.
Inzwischen gibt es jedoch die Kombinations-UKW-Funkanlage Typ Shipmate RS 8300, die über eine Umschaltmöglichkeit von Rheinfunk auf Seefunk verfügt und damit den vielfach gewünschten Doppelnutzen für binnen und buten bietet.
Im Display erscheinen zur Unterscheidung im Rheinfunkbetrieb die Buchstaben „RHE" und im Seefunkbetrieb die Buchstaben „SEE". Im Seefunkbetrieb ist es auch möglich, mit Hilfe der roten SOS-Taste den Seenotruf auszulösen, und im Rheinfunkbetrieb sendet die Anlage den im Binnenschiffahrtsfunk geforderten ATIS-Code aus. Inwieweit diese Kombianlage jedoch das Mittel der Wahl sein wird, ist noch fraglich, zumal eine Erweiterung auf Voll-DSC nach dem 1. 2. 1999 bei dieser Anlage nicht möglich ist.

Funkverkehr im GMDSS

Änderungen in der praktischen Verkehrsabwicklung

Bis zum Ende der GMDSS-Einführungsphase am 1. Februar 1999 sind im Seefunkdienst parallele Sprechfunk-Verfahren notwendig und zulässig. Die bereits mit DSC ausgerüsteten Schiffe können schon nach dem neuen Verfahren rufen, die noch nicht umgerüsteten noch in der herkömmlichen Betriebsabwicklung.
Inhaber eines *Allgemeinen Sprechfunkzeugnisses* oder eines *UKW-Sprechfunkzeugnisses* sollten sich mit den geänderten Betriebsverfahren vertraut machen und die entsprechenden neuen Zeugnisse rechtzeitig erwerben.

Geänderte Betriebsverfahren im DSC

Mit der internationalen Einführung des Digitalen Selektivrufes ändern sich die bisher bekannten Anrufverfahren. Grundsätzlich werden im DSC die Anrufe über den DSC-Controller editiert und auf Kanal 70 (156,525 MHz) beziehungsweise auf Grenzwelle auf der Frequenz 2187,5 kHz* gezielt in Richtung *Schiff – Land* beziehungsweise *Land – Schiff* oder *Schiff – Schiff* respektive *Schiff – An alle Funkstellen* gesendet. Gesprächsanmeldungen auf dem jeweiligen ersten Arbeitskanal entfallen. Gemäß der *Vollzugsordnung für den Funkdienst (VO Funk)* gelten die geänderten Betriebsverfahren für DSC auf Grenz-, Kurz- und auf Ultrakurzwelle.

---

* Bei einigen Grenzwellensendern muß die Sendefrequenz um 1700 Hz tiefer als 2187,5 kHz eingestellt werden.

Notverkehr – Distress

Ein Notalarm wird ausgesendet, wenn nach Auffassung des Kapitäns oder der für die Schiffsführung verantwortlichen Person das Schiff *oder* eine Person sich in Not befindet und sofortige Hilfe benötigt. Ein DSC-Notalarm sollte die letzte bekannte Position, die Uhrzeit (zu der die Position gültig war) in UTC und wenn möglich die Art des Notfalls enthalten. Notzeichen ist das Wort MAYDAY.

● **Der DSC-Notalarm** wird als Datenpaket auf Kanal 70, der anschließende Notverkehr über Kanal 16 abgewickelt.

● **Die Bestätigung eines DSC-Notalarms** erfolgt im allgemeinen über DSC *nur* durch Küstenfunkstellen. Schiffe bestätigen auf Kanal 16 mittels Sprechfunk. Wird der Notalarm von keiner Küstenfunkstelle bestätigt oder blieb die Bestätigung mittels Sprechfunk erfolglos, kann die Bestätigung durch eine Seefunkstelle auch über DSC erfolgen. Danach ist jedoch in jedem Fall für eine Weiterverbreitung zu sorgen, da durch die DSC-Bestätigung die automatisch wiederholte Aussendung des Notalarms unterbrochen wird.

● **Weiterer Notverkehr** erfolgt auf Kanal 16 oder 2182 kHz.

● **Weiterübermittelter Notalarm über DSC** – Erfährt ein Schiff, daß sich ein anderes Schiff in Not befindet und den Notalarm nicht weiter aussenden kann, muß es den automatisch empfangenen und gespeicherten Notalarm als Relais-Station für den Havaristen über DSC weiterübermitteln und anschließend über Kanal 16 in Sprache in einer MAYDAY-RELAY-Meldung verbreiten.

Dringlichkeitsverkehr – Urgency

Die Aussendung einer Dringlichkeitsmeldung erfolgt in zwei Stufen:
- Ankündigen der Dringlichkeitsmeldung über DSC-Kanal 70
- Aussenden der Dringlichkeitsmeldung über Kanal 16

Während der Übergangszeit bis zum 1. 2. 1999 sollte im Sprechfunk so verfahren werden wie im bisher bekannten Sicherheitssystem, das heißt, die 1. Aussendung der Dringlichkeitsmeldung erfolgt auf Kanal 16 bzw. auf 2182 kHz, die Wiederholung wird auf diesem Kanal beziehungsweise auf dieser Frequenz angekündigt und auf einem Schiff-Schiff-Kanal oder einer Schiff-Schiff-Frequenz abgewickelt. Das Dringlichkeitszeichen besteht aus den Wörtern PAN PAN.

Sicherheitsverkehr – Safety

Die Aussendung einer Sicherheitsmeldung erfolgt in zwei Stufen:
- Ankündigen der Sicherheitsmeldung über DSC-Kanal 70
- Aussenden der Sicherheitsmeldung auf Schiff-Schiff-Kanal in Sprache

Während der Übergangszeit bis zum 1. 2. 1999 sollte im Sprechfunk zusätzlich zum DSC so verfahren werden wie im alten Sicherheitssystem: Ankündigung der Sicherheitsmeldung auf Kanal 16, Verbreitung auf Schiff-Schiff-Kanal. Dringlichkeitszeichen ist das Wort SECURITE.

Öffentlicher Verkehr – Public Correspondence

● **DSC-Kanal für öffentlichen Verkehr** – Im UKW-Bereich wird Kanal 70 für den Digitalen Selektivruf in Not- und Sicherheitsfällen sowie für DSC-Anrufe im öffentlichen Verkehr benutzt.

Störungen im Digitalen Selektivruf und Fehlalarme im GMDSS

Im Verlauf der Einführungsphase des DSC ist es zu einer Vielzahl von DSC-Fehlalarmierungen gekommen. Zahlreiche Anrufe konnten nicht eindeutig zugeordnet werden, solche mit fiktiven Positionsangaben und irregulären Rufnummern führten zu beträchtlichen Störungen und zu Systembelastungen.

Kanal 70, der ausschließliche DSC-Kanal

Das BAPT weist darauf hin, daß UKW-Kanal 70 ausschließlich dem Digitalen Selektivruf vorbehalten und Sprechfunkverkehr auf diesem Kanal unzulässig ist (Verstoß gegen die geltenden Bestimmungen des Seefunkdienstes). Bei moderneren Geräten ist automatisch sichergestellt, daß der DSC-Kanal nicht für Sprachaussendungen benutzt werden kann.
Auf UKW-Kanal 70 dürfen keine Testanrufe ausgesendet werden; die UKW-DSC-Seefunkanlage läßt sich durch einen regulären DSC-Anruf an eine Küstenfunkstelle im öffentlichen Verkehr überprüfen.

Mangelhafte Bedienung

Nicht nur im terrestrischen Seefunkdienst, sondern auch im Seefunkdienst über Satelliten wurde eine außerordentlich hohe Zahl von Fehlalarmen beobachtet, die überwiegend durch mangelhafte Bedienung der GMDSS-Anlagen verursacht wurden.
Derartige Alarmierungen lösen umfangreiche Aktivitäten bei den Küstenfunkstellen und Rettungsleitstellen aus, denn alle Alarme – auch die Fehlalarme – gelten zunächst als „Ernstfall“ und werden bis zur Aufklärung auch als solcher behandelt.
Es ist dringend angeraten, vor Inbetriebnahme einer Anlage, die Alarm aussenden kann, mit der Bedienungsanleitung vertraut zu machen, um Fehlbedienungen auszuschließen.
Auch bei Inmarsat-Anlagen darf – außer in Notfällen – auf keinen Fall Seenotalarm *(Distress Alert)* ausgelöst werden; Meldungen mit *Distress Priority* (Notruf-Priorität) dürfen nur bei Notfällen und niemals zu Testzwecken ausgesendet werden.
Bei der Auswahl des Montageortes einer Satelliten-Seenotfunkbake ist besonders die Installationsanweisung zu beachten, damit eine unbeabsichtigte Auslösung eines Seenotalarms vermieden wird. Dies ist besonders auf Sportschiffen zu berücksichtigen, weil bei Hafenliegezeiten – meist aus Sorge vor einem möglichen Diebstahl – die teure EPIRB aus ihrer Halterung genommen wird, um sie an „sicherer“ Stelle aufzubewahren. Da muß man sich

bezüglich der Montagekonstruktion eingehend Gedanken machen. Es ist in jedem Falle sinnvoll, die EPIRB mitsamt ihrer Relingshalterung, die meist einen mechanischen Schutz vor ungewolltem Alarm bietet, zu verstauen.

Ungewollte Alarmauslösung

Löst man – trotz aller Vorsichtsmaßnahmen – einen ungewollten Alarm aus, so sind unverzüglich die zuständigen Stellen zu informieren. Bei einem Seenotalarm (Distress Alert) über den Digitalen Selektivruf im UKW-Seefunkdienst ist die jeweilige Küstenfunkstelle über den Fehlalarm zu unterrichten. Befindet sich das Schiff nicht im Bereich einer Küstenfunkstelle, muß mit einem Ruf „An alle Funkstellen" beziehungsweise „An alle Schiffe" – wie es in der praktischen Verkehrsabwicklung im GMDSS neuerdings heißt – oder in englischer Sprache „to all ships" auf den Fehlalarm hingewiesen werden. Wurde der Alarm mit einer COSPAS/SARSAT-EPIRB oder mit einer Inmarsat-EPIRB ausgelöst, so ist umgehend das zuständige RCC* beziehungsweise Inmarsat-Zentralbüro, London, Telefon 0044 – 171 – 728 1000 über den Fehlalarm zu informieren.

* Rescue Coordination Center (Koordinierungszentrum zur Rettung), in Deutschland die Deutsche Gesellschaft zur Rettung Schiffbrüchiger in Bremen

Neue Zeugnisse sind erforderlich

Zur Ausübung des Seefunkdienstes bei Seefunkstellen bedarf es eines gültigen, vom Bundesamt für Post und Telekommunikation (BAPT) oder, früher, von der Deutschen Bundespost oder der Deutschen Post der Deutschen Demokratischen Republik ausgestellten oder anerkannten Seefunkzeugnisses. Viele Wassersportler sind bereits im Besitz eines Seefunkzeugnisses, oder sie wollen vielleicht gerade ein solches erwerben. Durch die umfangreichen Änderungen im Zuge der Einführung von GMDSS entstand jedoch eine zunehmende Unsicherheit über die Wahl des richtigen Zeugnisses. Deshalb einige Erläuterungen insbesondere zu den für die Sportschiffahrt relevanten Zeugnissen.
Für den Sprechfunkdienst werden das **Allgemeine Sprechfunkzeugnis für den Seefunkdienst** (Allgemeines Sprechfunkzeugnis) und das **Beschränkt Gültige Sprechfunkzeugnis für Ultrakurzwellen** (UKW-Sprechfunkzeugnis) ausgestellt.

- **Das UKW-Sprechfunkzeugnis** berechtigt zum Bedienen der Seefunkstellen und Sprech-Schiffsfunkstellen für UKW. Es berechtigt jedoch nicht zum Bedienen der Funkeinrichtungen des GMDSS.

- **Das Allgemeine Sprechfunkzeugnis** berechtigt zum Bedienen aller Sprech-Seefunkstellen auf Ultrakurz-, Grenz- und Kurzwelle. Es schließt das UKW-Sprechfunkzeugnis ein und ist damit höherwertiger und umfangreicher. Wichtig ist jedoch, daß auch das Allgemeine Sprechfunkzeugnis nicht zum Bedienen der Funkeinrichtungen des GMDSS berechtigt.

Zeugnisse für GMDSS und für den Sprechfunkdienst

Für das Weltweite Seenot- und Sicherheitsfunksystem (GMDSS) und für den Sprechfunkdienst werden folgende Zeugnisse ausgestellt:

- Das **Beschränkt Gültige Betriebszeugnis für Funker I** (UKW-Betriebszeugnis I) berechtigt zum Bedienen der *Sprech-Seefunkstellen für UKW* und der *Funkeinrichtungen des GMDSS für UKW.*
Zum Erwerb dieses Zeugnisses sind Grundkenntnisse der englischen Sprache erforderlich.

- Das **Beschränkt Gültige Betriebszeugnis für Funker II** (UKW-Betriebszeugnis II) berechtigt zum Bedienen der *Sprech-Seefunkstellen für UKW* und der *Funkeinrichtungen des GMDSS für UKW in den Gewässern des Bedeckungsbereiches der deutschen UKW-Küstenfunkstellen* (A1-Gebiet, siehe dazu Seite 15).

- Das **Allgemeine Betriebszeugnis für Funker** (Allgemeines Betriebszeugnis) berechtigt zum Bedienen *aller Sprech-Seefunkstellen und aller Funkeinrichtungen des GMDSS.* Dieses Zeugnis schließt das *Allgemeine Sprechfunkzeugnis* ein.
Zum Erwerb dieses Zeugnisses sind Grundkenntnisse der englischen Sprache erforderlich.

Die Anforderungen

Inhaber eines UKW-Sprechfunkzeugnisses oder eines Allgemeinen Sprechfunkzeugnisses können die UKW-Betriebszeugnisse I und II durch eine **Zusatzprüfung** erwerben. Hierzu werden folgende Kenntnisse geprüft:
Für das **UKW-Betriebszeugnis I** wird im praktischen Teil die fehlerfreie, schriftliche Aufnahme eines englischen Textes mit dem anschließenden, schriftlichen Übersetzen ins Deutsche gefordert. Danach erhält der Prüfling

einen Text mit einer Not-, Dringlichkeits- oder Sicherheitsmeldung in deutscher Sprache, mit der Aufgabe, diesen sinngemäß ins Englische zu übersetzen und ihn danach mündlich in englischer Sprache gegebenenfalls unter Zuhilfenahme der Buchstabiertafel abzugeben. Im theoretischen Teil sind in einer Zusatzprüfung im Multiple-Choice-Verfahren 15 Fragen zum GMDSS in 15 Minuten zu beantworten.
Ferner werden im praktischen Prüfungsteil Kenntnisse zum Bedienen der Sprech-Seefunkstelle für UKW und der Funkeinrichtungen des GMDSS für UKW gefordert. Hierbei ist der DSC-Controller je nach gestellter Aufgabe zu editieren, wobei die Verfahren im Seenot- und Sicherheitsfunkverkehr wie „distress alert", „urgency call", „safety call" sowie „public call" geprüft werden. Im Anschluß an den gesendeten DSC-Ruf wird am UKW-Sprechfunkgerät der Funkverkehr in englischer Sprache weiter abgewickelt, wobei die Sprechfunkverfahren im Seenot-, Dringlichkeits- und Sicherheitsverkehr als bekannt vorausgesetzt werden.
Die Prüfung für das **UKW-Betriebszeugnis II** wird ähnlich der vorgenannten abgewickelt, jedoch wird ausschließlich in deutscher Sprache geprüft.
Bewerbern, die keine oder nur sehr geringe Englischkenntnisse besitzen, ist zum UKW-Betriebszeugnis II zu raten. Einige Ausbildungsstätten bieten die Kurse für beide Zeugnisse parallel an, wobei alle für die Bedienung des Controllers notwendigen englischen Ausdrücke aus der Seeschiffahrt vermittelt werden.
Das **Allgemeine Betriebszeugnis** schließt alle vorgenannten Zeugnisse ein und gestattet darüber hinaus die Teilnahme am Weltweiten Seenot- und Sicherheitsfunksystem, das heißt, mit diesem Zeugnis dürfen alle UKW-, Grenz- und Kurzwellen-DSC-Sprechfunkgeräte sowie alle Satelliten-Kommunikationsanlagen weltweit bedient werden.
Aufgrund der recht erheblichen Prüfungsanforderungen ist dieses Zeugnis nur nach Absolvieren einer wenigstens sechstägigen, intensiven Schulung an einer Seefahrtsschule oder bei einer privaten Schule zu erwerben. (Anschriften von Ausbildungsstätten vermitteln u. a. die Kreuzer-Abteilung des Deutschen Segler-Verbandes, Hamburg, sowie die BAPTs).
Die Prüfung zum Allgemeinen Betriebszeugnis erstreckt sich auf GMDSS-orientierte Funksprechaufnahme/-abgabe von Not-, Dringlichkeits- oder Si-

cherheitsmeldungen sowie auf die bereits bekannte praktische Verkehrsabwicklung.
Ferner werden eingehende Kenntnisse von VO Funk, SOLAS, Fernmeldeanlagengesetz, Schiffssicherheitsverordnung und Handbuch Seefunk erwartet. Außerdem werden der Aufbau eines Seefunktelegramms sowie die Berechnung der Entgelte für Seefunktelegramme, Seefunkgespräche und Seefunktelexverbindungen im terrestrischen Seefunkdienst und im mobilen Satelliten-Seefunkdienst geprüft.
Im Fach Gerätekunde ist der sichere Umgang mit Funktelexanlagen, Satellitenterminal und DSC-Geräten sowie mit NAVTEX-Geräten und mit Satelliten-EPIRBs nachzuweisen. Der Prüfling muß ausreichende Fertigkeiten im Betriebsverfahren mit Satelliten-Funkanlagen erwerben und die Funktionsfähigkeit aller GMDSS-Teilsysteme und Geräte beurteilen können.

Welches Zeugnis für wen?

Das **Allgemeine Betriebszeugnis** ist gewiß nur für den Sportskipper sinnvoll, der auf große Fahrt gehen will und der auch beabsichtigt, seine Yacht mit der entsprechenden Grenz- und Kurzwellen-DSC-Funkanlage sowie Satelliten-Kommunikationsanlage auszurüsten. Dies ist nicht allein eine Frage des Geldes, sondern – besonders bei kleineren Yachten – häufig auch eine Frage des Platzes und der Batteriekapazität.
Der Sportskipper, der für küstennahe Fahrt eine UKW-DSC-Funkanlage besitzt, wird sich gewiß mit dem vom Lernaufwand her gesehen deutlich bescheideneren **UKW-Betriebszeugnis I oder II** begnügen.
Mit Ausnahme des *Allgemeinen Betriebszeugnisses* ist das Absolvieren eines Kurses bei einer Ausbildungsstätte zwar keine Bedingung, um an einer Prüfung teilzunehmen. Erfahrungsgemäß ist es jedoch jedem Bewerber anzuraten, sich an eine qualifizierte Ausbildungsstätte zu wenden, damit eine fundierte Prüfungsvorbereitung sichergestellt ist.

NAVTEX – Navigational Warnings by Telex

Bei NAVTEX handelt es sich um einen internationalen und nahezu weltweit verbreiteten Wetter- und Warnfunkdienst für seegehende Schiffe. NAVTEX ist als präventives Sicherheitsinstrument ein wichtiger Bestandteil des Weltweiten Seenot- und Sicherheitsfunksystems und wird als solches immer mehr auch auf Yachten eingesetzt. An Bord sind die NAVTEX-Aussendungen mit Hilfe eines NAVTEX-Empfängers zu empfangen – sie werden auf einem Papierstreifen ausgedruckt. Einige Geräte zeigen die empfangenen Nachrichten auf dem Bildschirm an.

Die für NAVTEX vorgesehene Mittelwellen-Frequenz 518 kHz – in der Modulationsart F1B – versorgt ein Seegebiet im Umfang von 200 bis 400 Seemeilen, je nach Funkausbreitungsbedingungen, nach den örtlichen Gegebenheiten sowie nach der Wahl der Empfangsantenne.

Als Antenne dient entweder ein isoliertes Achterstag oder ein Want. Steht keine Langdrahtantenne zur Verfügung, sollte eine spezielle NAVTEX-Antenne oder eine sogenannte ALL-IN-ONE-Antenne mit einem speziellen NAVTEX-Filter eingesetzt werden, um sicheren NAVTEX-Empfang zu gewährleisten.

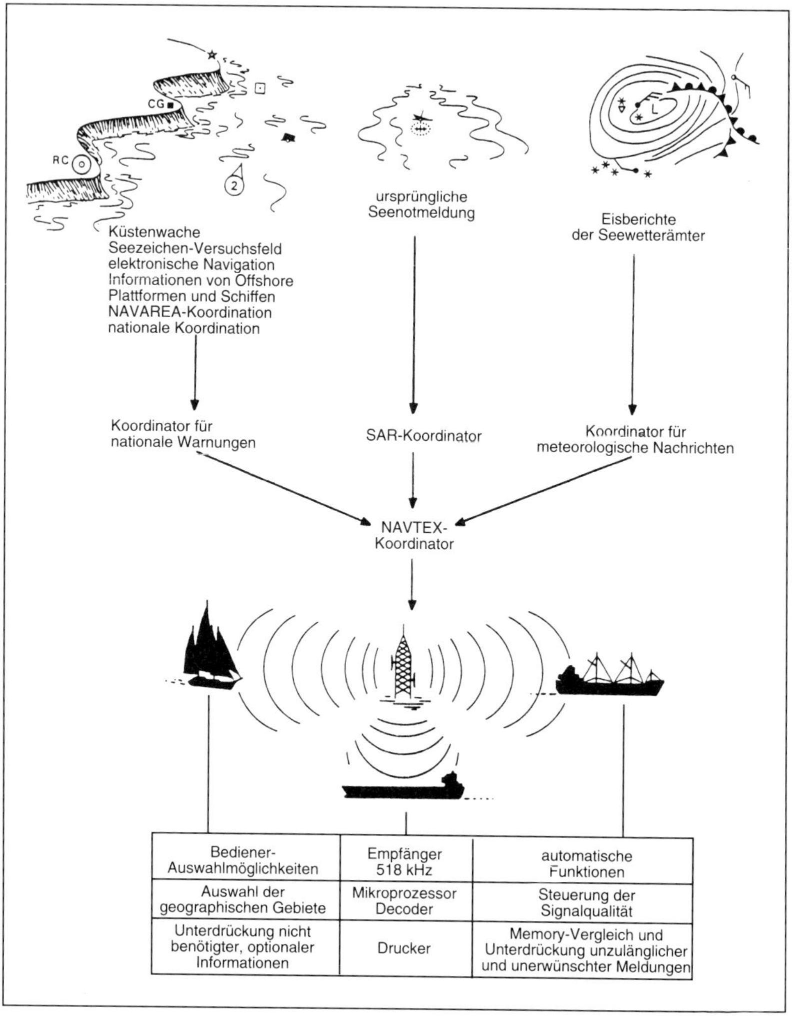

Struktur des NAVTEX-Service

NAVTEX-Gebiete

Die NAVTEX-Stationen arbeiten weltweit in der Regel nur auf der Frequenz 518 kHz. Eine geographisch und zeitlich verschobene Senderaufteilung stellt sicher, daß sich die Sender nicht gegenseitig stören können.
In den verschiedenen NAVTEX-Gebieten (NAV-AREAS) ist jedem Sender ein anderer Buchstabe zugeordnet. So wird zum Beispiel der Sender Cullercoats in England mit dem Buchstaben G bezeichnet, der zur Identifizierung sämtlicher von Cullercoats ausgestrahlten Meldungen vorangestellt wird.

„All in One"-Antennensystem Pacific (RR-Electronic): Kombination mit Ein- bzw. Zwei-Kabel-Technik für SSB-Empfang, Senden und Empfangen im UKW-Seefunk, NAVTEX, Wetterkartenschreiber, Decca, Loran C, Differential-GPS, TV-Empfang, AM/FM-Radio, C-Netz, D-Netz

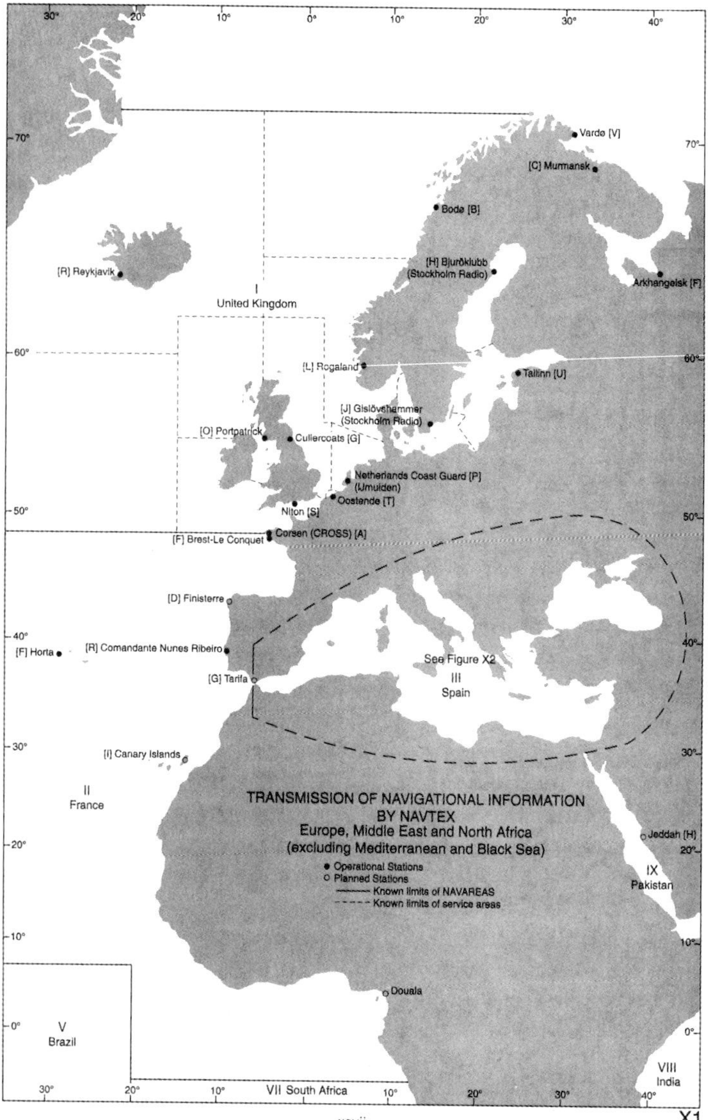

NAVTEX-Gebiete

Je nach der Reichweite in den einzelnen NAV-AREAS kann es zum Mehrfachempfang verschiedener NAVTEX-Stationen kommen. Einige NAVTEX-Empfänger lassen sich deshalb mit einem GPS-Navigator koppeln, wodurch sie automatisch nur die für das jeweilige Fahrtgebiet relevanten Informationen selektieren; bei anderen Geräten wird die Auswahl der Sender manuell vorgenommen. Außerdem können NAVTEX-Empfänger so programmiert werden, daß sie nur bestimmte Nachrichten zu bestimmten Zeiten empfangen.

Code	Station	Sendezeit UTC						Land
H	Bjuröklubb Härnösand	0000	0400	0800	1200	1600	2000	S
S	Niton	0018	0418	0818	1218	1618	2018	GB
B	Bodø	0018			1218			N
U	Tallinn	0030	0430	0830	1230	1630	2030	(Est)
G	Cullercoats	0048	0448	0848	1248	1648	2048	GB
F	Brest-Le Conquet			0918		1718		F
O	Portpatrick	0130	0530	0930	1330	1730	2130	GB
L	Rogaland	0148	0548	0948	1348	1748	2148	N
T	Oostende	0248	0648	1048	1448	1848	2248	B
(O)	Portpatrick Wetter Nordsee		0703			1903		GB
R	Reykjavik	0318	0718	1118	1518	1918	2318	IS
J	Stockholm	0330	0730	1130	1530	1930	2330	S
P	Coast Guard Niederlande Scheveningen	0348	0748	1148	1548	1948	2348	NL

W. Briese, Berlin

NAVTEX-Sendezeiten (Stand Mai 1995): Wettervorhersage für 24 Stunden, bei Bedarf nautische Warnnachrichten

```
SHIPMATE NAVTEX RS6100
ZC1C 2374
NETHERLANDS COASTGUARD
NAVIGATIONAL WARNING NR72 211200UTC
SEP
TSS WEST FRIESLAND
HYDROGRAPHIC INSTRUMENTS MARKED
BY
YELLOW LIGHTBUOY FL(5)Y 20S
ESTABLISHED IN FOLLOWING POSITIONS:
A.54-02.3N 004-09.0E
B.53-57.9N 004-23.0E
C.54-03.8N 004-34.0E
NNNN
END OF NAVTEX MESSAGE
```

Beispiel einer NAVTEX-Meldung

NAVTEX-Nachrichtenarten

Die NAVTEX-Aussendungen erfolgen stets in leicht verständlichem Englisch. Zur Unterscheidung der einzelnen Meldungen werden folgende Kennzeichen benutzt:

A = **Nautische Warnnachrichten** über verdriftete Tonnen, ausgefallene Tonnenlichter, Positionsmeldung neuer Wracks, Marine-Manöver, Bohrinsel-Veränderungen, neu ausgelegte Seezeichen und sonstige Meldungen, die Änderungen in der Seekarte betreffen. Diese Meldungen können im Empfänger nicht unterdrückt werden.

B = **Sturmwarnungen** werden sofort nach Veröffentlichung ausgesandt, auch diese Meldung ist nicht unterdrückbar.

C = Eisberichte werden nur in den betroffenen Gebieten, in denen mit Eisgang zu rechnen ist, gesendet.

D = Erstinformationen über Seenotfälle werden sofort nach Bekanntwerden ausgedruckt, und die Schiffahrt, die sich in der Nähe befindet, wird aufgefordert, den Seenotverkehr auf Kanal 16 und auf 2182 kHz zu beobachten. Es werden hier jedoch nur die wesentlichen Informationen gesendet. Die weiterführenden Meldungen erfolgen nicht über NAVTEX, sondern nur über die internationalen Sprechfunk-Notfrequenzen. Auch diese Meldungen sind im Empfänger nicht zu unterdrücken.

E = Wettervorhersagen nach einem festen Zeitplan zeitversetzt von den einzelnen Sendern.

F = Informationen der Lotsendienste, z. B. über unplanmäßige Änderungen im Lotsendienst, bedingt zum Beispiel durch Schlechtwetterlage.

G = Informationen über Decca, z. B. über eventuelle Störungen der Decca-Ketten.

H = Informationen über Loran, z. B. über eventuelle Störungen der Loran-Ketten.

I = Informationen über Omega

J = Informationen über Satnav

K = Informationen über sonstige elektronische Navigationsverfahren

L = Nautische Warnnachrichten; Fortsetzung von A

Z = QRU (Es liegen keine Meldungen vor)

Durchnumerierung der NAVTEX-Meldungen

NAVTEX-Meldungen werden durch eine vierstellige Gruppe mit folgender Bedeutung eingeleitet:

1. Kennbuchstabe der Küstenfunkstelle
2. Kennzeichen der Meldung
3. und 4. Kennziffer 01 bis 99 zur Bezeichnung der laufenden Nachrichtennummer. Dringende Meldungen werden durch die Kennziffer 00 eingeleitet.

Weitere NAVTEX-Frequenzen

Neben der bereits genannten Frequenz 518 kHz steht für NAVTEX-Aussendungen in der jeweiligen Landessprache die Frequenz 490 kHz zur Verfügung, sofern der betreffende Bereich ausreichend mit englischsprachigen Informationen versorgt ist. Diese Frequenz wird zur Zeit innerhalb der Bundesrepublik Deutschland nicht genutzt.

NAVTEX-Empfänger NAV 4 (Dantronik): 106 x 145 x 117 mm. Stromverbrauch im Stand-by-Betrieb 1,5 W, im Druckbetrieb 2,5 W

In tropischen Gegenden können NAVTEX-Aussendungen auf der Frequenz 4209,5 kHz ausgestrahlt werden. Diese Frequenz ist gegen atmosphärische Störungen weniger anfällig als die Mittelwellenfrequenz 518 kHz.

Enhanced Group Call (EGC)

Für Schiffe, die außerhalb der NAVTEX-Reichweiten fahren, sind die MSI (Maritime Safety Information) über den erweiterten Gruppenruf über Satellit (Inmarsat-C-EGC)* zu empfangen.

* Weitere EGC-Dienste werden im Kapitel „Satelliten-Kommunikation" genannt (s. S. 120).

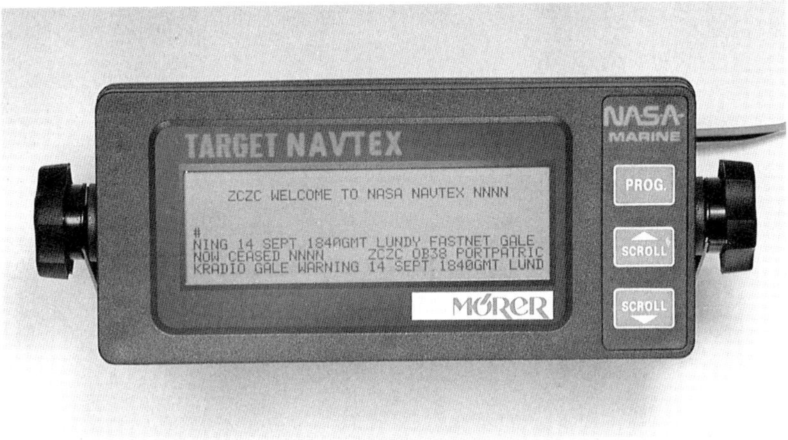

NAVTEX-Video-Wetterfunkempfänger NASA: empfängt und speichert die gesendeten NAVTEX-Informationen auf insgesamt 16 Bildschirmseiten. Ein Ausdruck der Meldungen ist nicht möglich. Leistungsaufnahme ca. 1 A

Empfang von Wetterberichten – heute und morgen

Mancher Yachteigner und Besitzer eines qualitativ hochwertigen Einseitenband-Empfängers, mit dem er jahrelang einwandfrei Wetterbericht über Norddeich, Kiel und Rügen Radio empfangen hat, wird sich fragen, warum gemäß GMDSS je nach Seegebiet der Empfang von sicherheitsrelevanten Meldungen über NAVTEX-/EGC-Empfänger von der ausrüstungspflichtigen Schiffahrt gefordert und vom Bundesamt für Seeschiffahrt und Hydrographie für die Sportschiffahrt empfohlen wird.

Die Küstenfunkstelle Kiel Radio hat den Dienst auf Grenzwelle und Ultrakurzwelle Ende 1994 eingestellt. Die in Sportschifferkreisen so bekannte Frequenz 2775 kHz wurde als Sendefrequenz auf dem 1. Sprechweg von Rügen Radio übernommen. Der Ostsee-Wetterbericht über Grenzwelle wird zur Zeit noch auf dieser Frequenz zweimal täglich gesendet.

Communications-Receiver FRG-100 (YAESU)

Marine-Empfänger Lowe 150: 80 x 185 x 160 mm

Aber auch Rügen Radio wird in absehbarer Zeit seine Arbeit einstellen. Die Aufgaben wie Traffic-Verkehr (Gesprächsabwicklung) und das Senden von UKW-Wetterberichten werden dann von Norddeich Radio übernommen. Zu diesem Zeitpunkt sollen voraussichtlich die Aussendungen der Wetterberichte auf Grenzwelle ganz eingestellt werden, was für den Sportskipper bedeutet, daß er sich die für die Törnplanung und für die präventive Sicherheit so wichtigen Wettervorhersagen anderweitig beschaffen muß.
Die Industrie hat sich auf diesen dringenden Bedarf schon heute eingestellt; neben den bereits im GMDSS für ausrüstungspflichtige Schiffe geforderten NAVTEX-Empfängern werden vermehrt Kombi-Geräte mit Morse-, Telex- und RTTY-Decoder und darüber hinaus kleine, yachtgeeignete Wetterkartenschreiber und MSI-Decoder angeboten.
Der FMD 55 und der FMD 50 von Fastnet Radio beinhalten einen qualitativ

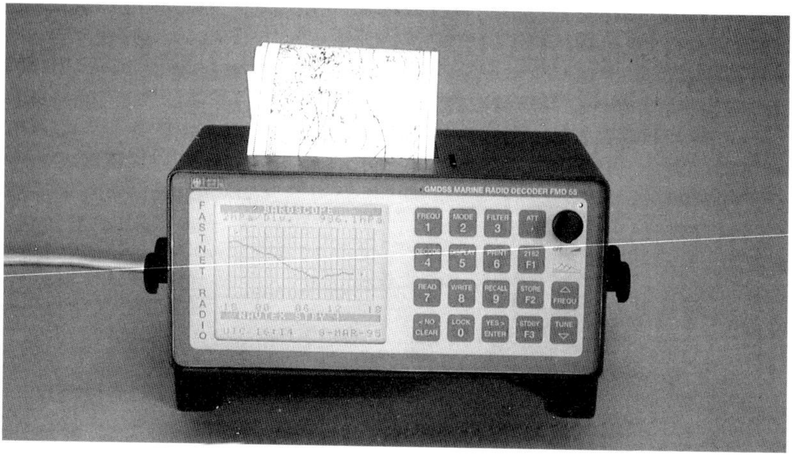

Morsedecoder FMD 55 (Fastnet Radio)

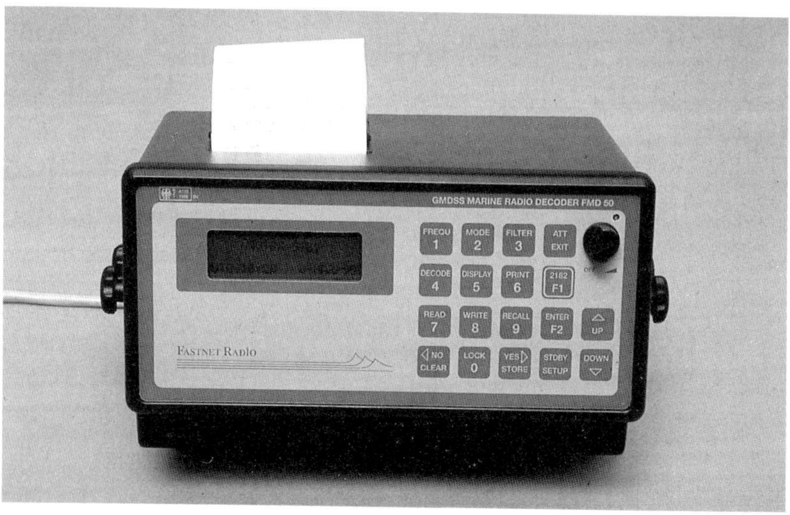

Morsedecoder FMD 50 (Fastnet Radio)

guten SSB-Empfänger (Einseitenband-Empfänger), der im Frequenzbereich 30 kHz bis 30 MHz arbeitet. Auf 30 Speicherplätzen hat man die wichtigsten Sendestationen im direkten Zugriff.
Nachdem es sich beim FMD 55 und FMD 50 um durchstimmbare Empfänger handelt, sind außer den drei NAVTEX-Frequenzen (518 kHz, 490 kHz und 4209,5 kHz*) alle Kurzwellen-Frequenzen für die *Maritime Safety Information* sowie für Morse- und Telex-Empfang einzustellen. Somit erhält man in Klartext einen vollautomatischen Ausdruck von Navigations- und Sturmwarnungen, Großwetterlagen, spezialmeteorologischen Wetterberichten, kurz: Komplettberichte in einer Reichweite von etwa 3000 Seemeilen von der jeweiligen Sendestation entfernt.
Der Faksimile-Wetterkartenschreiber im FMD 55 sowie das integrierte Baroskop ergänzen die Analysen. Das Baroskop gibt eine akustische 2-Stunden-Vorwarnung, wenn aufgrund veränderter Luftdruckverhältnisse Starkwind ab 6 Beaufort zu erwarten ist.

Zusammenfassend sei gesagt, daß der Skipper, der ausschließlich in küstennahem Gebiet fährt und der den Seewetterbericht in deutscher Sprache über UKW empfangen kann, gewiß keinen EGC-Empfänger benötigt.
Es steht jedoch außer Frage, daß ein kleiner, yachtgeeigneter NAVTEX-Empfänger oder besser noch ein Morsedecoder, der im gesamten Frequenzbereich einschließlich der NAVTEX-Frequenz arbeitet, eine sinnvolle Ergänzung der Ausrüstung für die Sportschiffe darstellt, die nicht ausschließlich im Bereich der deutschen UKW-Küstenfunkstellen fahren. Zum einen, weil Wetterberichte über UKW in dänischer, schwedischer oder norwegischer Sprache häufig nicht verstanden werden, und zum anderen, weil eine schriftlich vorliegende, ausführliche Wettervorhersage vom Deutschen Seewetteramt oder schriftliche Wetter- und Warnnachrichten über NAVTEX sicherer und bequemer für die Törnplanung ausgewertet werden können.

* 4209,5 kHz für NAVTEX-Sendungen in tropischen Gebieten, 490 kHz für NAVTEX-Sendungen in der Landessprache.

Satelliten-EPIRB, eine Seenotfunkbake

Das Kunstwort EPIRB wurde aus den englischen Begriffen ***E****mergency* ***P****osition* ***I****ndicating* ***R****adio* ***B****eacon* gebildet: eine Funkbake zur Kennzeichnung der Seenotposition. Die Seenotfunkbake dient insbesondere bei Seenotfällen dazu, die SAR-Institutionen zu alarmieren und den an Rettungsaktionen

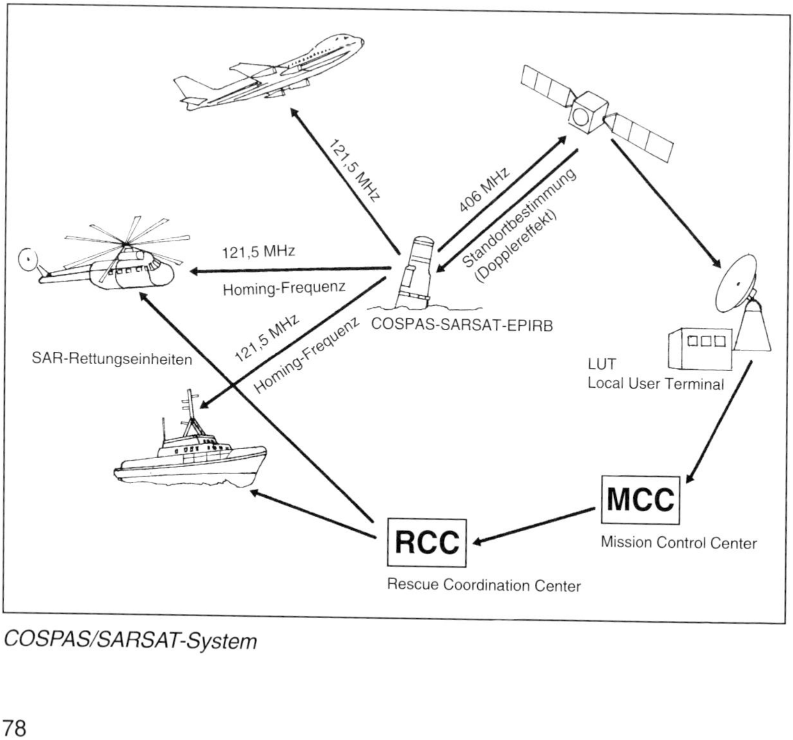

COSPAS/SARSAT-System

beteiligten Sucheinheiten das Auffinden eines in Not befindlichen Schiffes oder von Überlebenden zu erleichtern.
Bei diesem System handelt es sich um ein satellitengestütztes Verfahren, das gemäß SOLAS als zweites, nichtterrestrisches Seenotalarmierungs-System zur Funkausrüstungspflicht gehört. Es kommen weltweit die beiden unterschiedlichen Systeme COSPAS/SARSAT und Inmarsat zum Einsatz.
Im folgenden wird die unterschiedliche Arbeitsweise der beiden Systeme dargestellt und verdeutlicht, inwieweit diese Alarmierungssysteme im GMDSS von der Berufsschiffahrt ebenso wie von der Sportschiffahrt in den verschiedenen Seegebieten genutzt werden können.

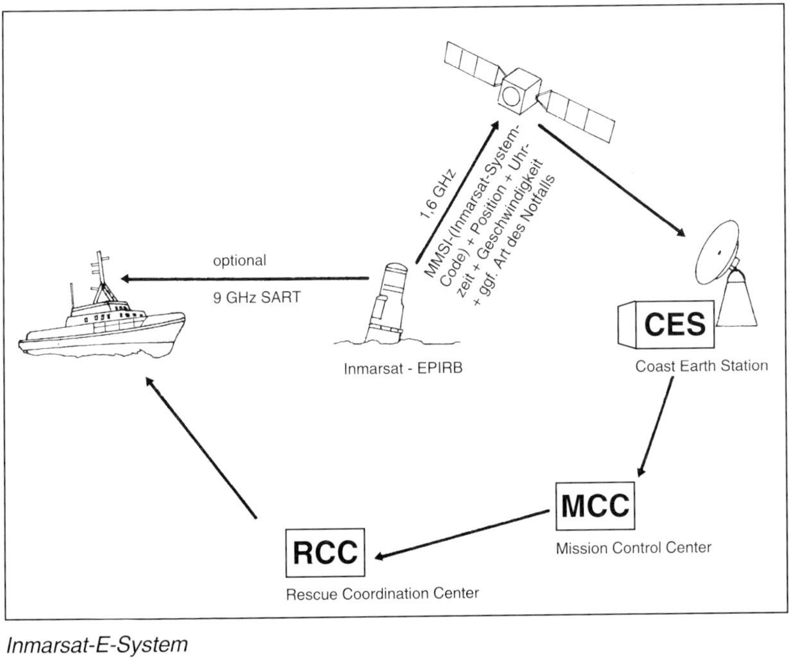

Inmarsat-E-System

COSPAS/SARSAT-EPIRB

Systembeschreibung

Das COSPAS/SARSAT*-System wurde 1982 als weltweites Such- und Rettungssystem für die Schiffahrt, die Luftfahrt und den Landeinsatz eingeführt. Seitdem sind mehrere tausend Menschen durch dieses System gerettet worden. Im GMDSS stellen die COSPAS/SARSAT-Seenotfunkbaken eine der beiden satellitengestützten Alarmierungseinrichtungen dar, und sie sind in der Berufsschiffahrt für *jedes* Seegebiet einzusetzen.
Hinter der Bezeichnung COSPAS/SARSAT verbergen sich tatsächlich zwei Systeme, die gemeinsam von den USA und der früheren UdSSR unter Beteiligung von Frankreich und Kanada entwickelt und in Betrieb genommen wurden. In der Zwischenzeit sind 27 Länder und Organisationen an diesem System beteiligt.
Das COSPAS/SARSAT-System verwendet keine eigenen Satelliten, sondern benutzt sogenannte Transponder, die als zusätzliche Nutzlast auf Satelliten anderer Anwender installiert sind. Die USA verwenden hierfür seit Jahren die Wettersatelliten der NOAA** vom Typ TIROS. Rußland stellte hierfür zunächst Satelliten der Cosmos-Reihe zur Verfügung, neuerdings Satelliten mit der Bezeichnung NADEZHDA.

---

* COSPAS = Kosmitscheskaja Sistema Poiska Avarinisch Sudov i Samalijotov = Kosmisches System zur Ortung von havarierten Schiffen und Flugzeugen (Rußland)

SARSAT = Search And Rescue Satellite Aided Tracking = Such- und Rettungssystem mit Satelliteneinsatz (USA)

** NOAA = National Oceanic and Atmospheric Administration (USA)

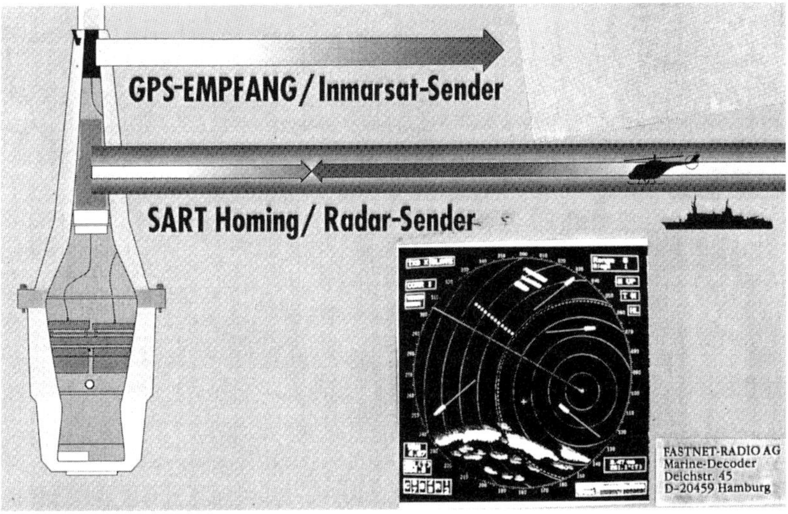

Der **Encoder** besteht im wesentlichen aus einem Mikroprozessorsystem, das die gesamte restliche Elektronik kontrolliert und steuert. Wesentliche Daten und Einstellungen der Elektronik sind in einem Speicher abgelegt, der seinen Informationsinhalt auch bei völligem Wegfall der Versorgungsspannungen beibehält. Der Encoder steuert auch die Sendeeinheit, die über eine digitale Frequenzaufbereitung mit den erforderlichen Stabilitätskriterien verfügt. Pro Satellitenband ist die von Inmarsat vergebene Sendefrequenz bereits werksseitig programmiert. Die Ausgangsleistung des Senders beträgt 1 Watt.

Das **integrierte GPS-Modul** verfügt über einen 5-Kanal-Parallel-Empfänger, von dem vier Kanäle für die laufende Positionsbestimmung und ein Kanal für die Suche nach anderen Satellitensignalen verwendet werden.

Die **Antenneneinheit** ist sowohl für den Empfang von GPS-Satellitensignalen als auch für die Ausstrahlung des Notrufsignals ausgelegt. Über die Antennenumschalteinheit wird die Antenne, je nach Bedarf, an das GPS-Modul

beziehungsweise die Sendeeinheit geschaltet. Während eines Sendezyklus werden die Positionsdaten nicht verändert, daher kann in dieser Zeit das GPS-Modul von der Antenne getrennt werden.
Im Antennenteil ist ein mit hochintensiven Leuchtdioden ausgestattetes **Blinklicht** integriert, das bei Aktivierung 20mal pro Minute blinkt. Während der Aussendung des Notrufes wird die Frequenz auf 40 Blinke pro Minute erhöht, so daß auch optisch zu erkennen ist, wenn eine Aussendung erfolgt.

Remote Control Unit (RCU)

Das abgesetzte Bedienteil verfügt über ein eigenes Mikroprozessorsystem, das in ständigem Datenaustausch mit der EPIRB steht. Somit können Daten und Steuerbefehle an die EPIRB weitergeleitet und umgekehrt die Meldungen und Daten von der EPIRB verarbeitet werden. Das Kabel zwischen EPIRB und Remote Control Unit kann eine Länge von bis zu 50 Metern haben.

Funktionen der RCU

- Versorgung der EPIRB über das Bordnetz
- Anzeige von Positionsdaten, Kurs und Geschwindigkeit
- Anzeige von weiteren Systeminformationen
- manuelle Aktivierung der EPIRB mit Eingabe der Art des Notfalls
- manuelle Eingabe von Position, Uhrzeit und Datum
- Eingabe von Systemparametern
- Auslösung von Testfunktionen
- Anzeige von Fehler- und Alarmmeldungen
- Schnittstellen NMEA 0183 und Alarmausgang

In der IMO-Resolution wurden die mit dem Inmarsat-E-System übermittelbaren Notfallarten folgendermaßen festgelegt – sie sind im Seenotfall über die *Remote Control Unit* direkt einzugeben.

IMO-Indikator	Nature of Distress / Art des Notfalls
1	fire / explosion – Feuer / Explosion
2	flooding – Wassereinbruch
3	collision – Kollision
4	grounding – Grundberührung
5	listing in danger of capsizing – Kentergefahr
6	sinking – Schiff sinkt
7	disabled and adrift – manövrierunfähig, Schiff treibt
8	undesignated – nicht spezifizierter Notfall
9	abandoning ship – Schiffsaufgabe
10	Test (diese Funktion kann nicht vom Benutzer, sondern nur von autorisierten Fachwerkstätten gewählt werden)

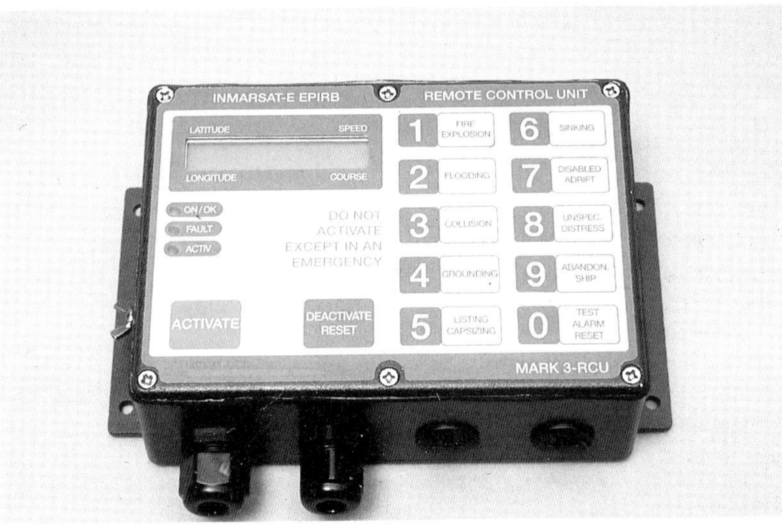

Remote Control Unit einer Inmarsat-EPIRB zur schnellen Auslösung des Alarms bzw. zur Eingabe der Art des Notfalls; 121 x 202 x 56 mm

Die Elektronik im Bakenkörper ist über eine 6polige Abreißkupplung mit der *Remote Control Unit* verbunden. Über ein 6adriges, geschirmtes Kabel wird die EPIRB im Stand-by-Betrieb über die Bordspannung versorgt, und hierüber erfolgt gleichzeitig der Datenaustausch zwischen EPIRB und *Remote Control Unit (RCU)*. Wird der Abreißstecker von der EPIRB entfernt, wird die Bake bei eingesetzter Deaktivierungsschraube sofort aktiviert. Die nun freiliegenden Kontakte sind dann spannungslos geschaltet, so daß durch Salzwasser bedingte elektrische Verbindungen keinen Einfluß auf die Funktion der EPIRB haben.
Die Verbindung zwischen EPIRB und RCU wird permanent überprüft, wobei die anliegende Schiffsspannung sowie der Datenaustausch überwacht werden. Eine Unterbrechung oder schlechter Kontakt führt zwar zu einer entsprechenden Fehlermeldung, die EPIRB wird jedoch nicht automatisch aktiviert.
Nach jeder Fehlermeldung ist, sofern die Ursache nicht restlos beseitigt wurde, die EPIRB bei nächstmöglicher Gelegenheit von einer autorisierten Servicestelle überprüfen zu lassen. Auch bei nur zeitweiligem Aufreten von Fehlern muß das System aus Sicherheitsgründen vollständig überprüft werden.

Deaktivierungsschalter

Die EPIRB ist wasserdicht konstruiert. Ein Stabmagnet, der mit einer Schraube eingedreht wird, schließt im Innenteil zwei Reedkontakte, die die Batteriespannung an die Elektronik durchschalten. Ist die EPIRB aktiviert und nicht mehr mit der *Remote Control Unit (RCU)* verbunden, so wird durch Herausdrehen des Stabmagneten die Batterieversorgung unterbrochen und die EPIRB inaktiv. Wird sie für längere Zeit außer Betrieb gesetzt oder transportiert, so soll die Deaktivierungsschraube herausgedreht werden. Die Deaktivierungsschraube ist mit einer Sicherungsleine mit dem Bakenkörper verbunden, so daß sie nicht verlorengehen kann.

NMEA-Schnittstellen und Alarmausgang der RCU

Die Remote Control Unit (RCU) der Inmarsat-EPIRB verfügt über eine NMEA-Schnittstelle, von der aus Sicherheitsgründen nur der Ausgang (TX+/TX–) vom Benutzer verwendet werden sollte, damit nicht durch eingelesene Fremddaten Fehlfunktionen oder -alarmierungen ausgelöst werden können.
Der Datenausgang jedoch kann mehrfach genutzt werden. Der Anschluß an einen Navigations-Log-Drucker oder Marine-Decoder (Fastnet Radio) liefert ein automatisch geführtes Logbuch über die zurückgelegte Fahrtstrecke.
Am Datenausgang zum Beispiel der Fastnet-EPIRB liegt etwa alle 5 Sekunden der Datensatz $GPRMC in folgendem Format an:

§GPRMC,111111,A2222,222,N,33333.333,W,44.44,555.,666666,77.,E*CS

Dieser Datensatz beinhaltet:
- Zeit in hhmmss (Stunden, Minuten, Sekunden)
- Kennzeichen, ob die Daten gültig sind oder nicht
  (A = data valid = gültig; V = data invalid = ungültig)
- geographische Breite in Grad, Minuten und 1/100 Minuten
- Breite N für Nord und S für Süd
- geographische Länge in Grad, Minuten und 1/100 Minuten
- Länge W für West und E für Ost (East)
- Fahrt über Grund in Knoten
- Datum als TTMMJJ (Tag, Monat, Jahr)
- Abweichungswert
- Checksumme

Der vorgenannte Datensatz kann auch von einem Seekartenplotter ausgewertet werden, so daß die EPIRB doppelt, ja sogar dreifach genutzt werden kann. Einmal als schnellstes Alarmierungsmedium im Seenotfall, zum anderen als Logbuch und außerdem noch für die alltägliche Navigation zur Wegpunkt- und Routenplanung über einen Kartenplotter.

Wahl des Installationsortes, Halterung und Wartung

● Die Halterung dient neben der eigentlichen Befestigung der EPIRB zum Anschluß an die Verbindung zur Remote Control Unit.
● Zumindest das Bakenoberteil, in dem sich das Blinklicht, die Antenneneinheit und der Radartransponder befinden, sollte möglichst freie Sicht über die Hemisphäre haben.
● Aufbauten oder Leinen dürfen im Seenotfall das selbständige Aufschwimmen der EPIRB nicht behindern.
● Die Inmarsat-EPIRBs sind als weitgehend wartungsfreie Geräte konzipiert. Dennoch ist eine regelmäßige Überprüfung der Halterung vorzunehmen; sie kann mit Süß- oder Seewasser abgespritzt werden.
● Auf keinen Fall dürfen der Druckauslösemechanismus und das Oberteil der Bake lackiert oder gestrichen werden, weil dies die Funktion der EPIRB beeinträchtigen könnte.

Registrierung

Vor Installation und Inbetriebnahme der EPIRB erfolgt über den Fachhändler direkt bei Inmarsat die Registrierung mit Angabe erforderlicher Daten über das Schiff.

Ohne die Inmarsat-Registrierung besteht keine Gewähr, daß Notrufe entsprechend ausgewertet und weitergeleitet werden.

Die Möglichkeit der Doppel- und Dreifachnutzung der Inmarsat-EPIRB über die vorhandenen Schnittstellen, vor allem aber auch die außerordentlich schnelle und sichere Alarmierung im Seenotfall von fast jedem Ort der Welt aus sind für manchen Yachteigner, der auf große Fahrt gehen will, von ausschlaggebender Bedeutung für seine Kaufentscheidung. Wobei zugegebenermaßen die Abmessungen und die Preise der zur Zeit angebotenen Inmarsat-EPIRBs noch nicht unbedingt für die kleine Yacht geeignet scheinen.

Nachdem jedoch in der Sportschiffahrt der Bedarf nach einer sicheren und vor allem schnellen Alarmierung im Seenotfall sowohl von Bord als auch von der Rettungsinsel aus stetig steigt, ist es an der Industrie, entsprechende yachtgeeignete Satelliten-EPIRBs zu fertigen.

COSPAS/SARSAT – Inmarsat: Gegenüberstellung

Übertragungszeit

Die sicherheitstechnische Leistungsfähigkeit eines Satelliten-Seenotfunksystems ist nach den Vorgaben der IMO an der Übertragungszeit *(Message Transfer Time, MTT)* eines Seenotalarms von der Aussendung bis zur Ausgabe in einem Rescue Coordination Center (RCC) zu messen. Diese Übertragungszeit setzt sich im COSPAS/SARSAT-System aus folgenden Komponenten zusammen, die zum Teil physikalisch-technisch, zum Teil aber auch administrativ bedingt sind:

1. Vorwärmzeit des Bakensenders
2. Wartezeit bis zum Beginn der Sendungen
3. Zeit bis zum Insichtkommen eines Satelliten
4. Zeit bis zum Empfang einer Signalsequenz durch den Satelliten
5. Zeit bis zum Insichtkommen des Satelliten bei einem empfangsbereiten LUT
6. Zeit bis zum Empfang einer Signalsequenz durch das LUT
7. Zeit für die Weiterleitung der Nachricht bis zum Ausdruck in einem RCC

Bei einem Satelliten-System in niedrigen, polumlaufenden Bahnen (etwa 800 bis 1000 Kilometer) hängt die Übertragungszeit besonders stark von den in Position 3, 4 und 5 genannten Zeiten ab. Theoretisch könnten durch eine größere Anzahl von Satelliten und durch zusätzliche *Local User Terminals (LUTs)* die teilweise sehr langen Übertragungszeiten verkürzt werden.
Auf der Nordhalbkugel ist eine wachsende Anzahl von Küsten-Erdfunkstellen zu verzeichnen, wogegen auf der Südhalbkugel nur fünf LUTs in Betrieb

sind: in Alice Springs (Australien), Ambon und Jakarta (Indonesien), Brasilia (Brasilien) und Santiago (Chile).
Da aber die Erdoberfläche nicht vollständig mit *Local User Terminals* abgedeckt ist und vor allem auf der Südhalbkugel in der Anfangsphase nur zwei LUTs in Betrieb waren (Alice Springs und Brasilia), wurde zum Erzielen einer weltweiten Verfügbarkeit des Systems der sogenannte „global mode“ im 406-MHz-System geschaffen.

Vergleich

Am 4. Mai 1995 führte das Institut für Schiffsbetriebsforschung an der Fachhochschule Flensburg unter der Leitung von Kapitän Dieter Manthey gemeinsam mit der Firma Hagenuk, Hamburg, der Herstellerfirma OHB, Kiel, dem Flottenkommando der Marine aus Glücksburg, der Marinesanitätsstaffel Flensburg und der Deutschen Gesellschaft zur Rettung Schiffbrüchiger in der Flensburger Förde eine Seenotalarmierungsübung durch, um Erkenntnisse und praktische Erfahrungswerte beim Einsatz der EPIRBs sowie im Bereich der Koordination zwischen den Beteiligten einer Seenotrettungsaktion zu sammeln und die praktische Verkehrsabwicklung auf UKW zwischen einem Rettungsboot oder einem SAR-Hubschrauber zu erproben.

1. Einsatz der EPIRBs

● **Vergleich der MTT** (Mission Transfer Time) gemäß IMO von der Zeit der Auslösung bis zum Eintreffen beim MRCC:

Inmarsat-E (Typ: OHB ET 1600) = 2 Minuten
COSPAS/SARSAT (Typ: OHB TP2) = 60 Minuten

Bemerkung: Die Alarmierung der COSPAS/SARSAT-EPIRB war eindeutig als „Maritime Alert“ gekennzeichnet und hätte von Toulouse direkt zum MRCC Bremen übermittelt werden müssen. Informiert wurde jedoch die SAR-Leitstelle in Goch und von dort aus die SAR-Leitstelle in Glücksburg.
Das MRCC in Bremen erhielt erstmalig vom Übungsleiter mittels eines Handy Kenntnis darüber, daß in Glücksburg eine COSPAS/SARSAT-Alarmierung

MESZ	**Ablauf der Test-Alarmierung vom 4. Mai 1995**
1351	Auslösung Notalarmierung Inmarsat-E
1351	Auslösung Notalarmierung COSPAS/SARSAT
1351	Aktivierung Radartransponder (SART)
1352	Notruf aus dem Rettungsboot über UKW
1353	Eingang Inmarsat-E-Alarmierung beim MRCC Bremen Notfallposition 54°48,50' N 009°26,63' E
1356	Glücksburg Rescue nimmt Kontakt über UKW mit dem Rettungsboot auf
1358	Glücksburg Rescue alarmiert SAR-Helo in Kiel
1433	Glücksburg Rescue alarmiert Marinesanitätsstaffel
1434	Marinesanitätsstaffel setzt SANKRA ein
1435	Beginn Abbergen des Verletzten durch den Helo
1438	SANKRA klar zur Übernahme des Verletzten auf dem Sportplatz Marineschule
1445	Ende Abbergen des Verletzten durch den Helo
1448	Verletzter auf dem Sportplatz vom Helo an den SANKRA übergeben
1451	Eingang COSPAS/SARSAT-Alarmierung beim MRCC Bremen Position bei 84 % Wahrscheinlichkeit 54°49,1' N, 009°30,1' E
1454	Verletzter in Marinesanitätsstaffel versorgt
	Ende der Übung

aufgelaufen sei. Daraufhin wurde durch das MRCC telefonisch der „Outprint“ von der SAR-Leitstelle Goch abgefordert. Das MRCC Bremen hätte diesen Alarm 11 Minuten früher haben können, was einer MTT von 49 Minuten entsprochen hätte.

● **Positionsbestimmung** – Die Notfallposition der Inmarsat-E wurde über den eingebauten GPS-Empfänger bestimmt, lag auf 54°49,5' N 009°26,63' E

Ausdruck Testalarm über den LUT Toulouse vom 4. Mai 1995 im COSPAS/SARSAT-System	
NNNNZCZC RAA080 041240	
NNNNZCZC RAA081 041241	
SS ETRAYCYX	
.41238 LFIAZSZX	
1. DISTRESS COSPAS/SARSAT ALERT S06	
2. MSG NO 15370 REF NO 00000	
3. DETECTION TIME 04 MAY 95 1225 UTC	
4. DETECTION FREQUENCY 406,025 MHz	
5. COUNTRY 211/GERMANY	
6. MARITIME/SHIP STATION IDENTITY 211222400/0	
7. EMERGENCY CODE NIL	
8. LOCATIONS	A LAT 54 49,1N/LOG 009 30.1 E PROB 84
	B LAT 94 49,1N/LOG 990 30.1 E PROB 84
9. NEXT PASS	A 1334 UTC
	B 1334 UTC
10. REMARKS	A. HOMING SIGNAL 121,5
	B: ACTIVATION UNKNOWN
	C. BEACON NO 0
	D. OPERATIONAL INFORMATION, TECHNICAL QUALITY GOOD
FM:FMCC COSPAS/SARSAT TOULOUSE	
.o:ETRAYCYX	
END OF MESSAGE	

und entsprach der mittels Horizontalwinkelmessung bestimmten Position zum Zeitpunkt der Auslösung. Die Werte für Kurs und Geschwindigkeit waren ebenfalls korrekt.

Die Position der COSPAS/SARSAT-EPIRB wurde mit 54°49,1' N 009°30,1' E bei einer Wahrscheinlichkeit von 84 % ermittelt und lag mit diesen Werten in 073° –2 sm von der Unfallposition entfernt und an Land. Eine weitere Posi-

Ausdruck Testalarm bei der Coast Earth Station (CES) Raisting vom 4. Mai 1995 im Inmarsat-E-System

DISTRESS ALERT=INMARSAT-E CES: Raisting Ocean Region: AOR-E =
Report No: 00160 Date: May 4 1995 Printout Time: 11:50:53 UTC

DISTRESS MESSAGE – EPIRB: System Code: 110000062 Lat: 54:48,50 N
Long: 9:26,63 E Last Update: 11:50
Activation Time: --:--
Nature of Distress: TEST (IMO 10) Course: 32 Speed: 1

DISTRESS ALERT=INMARSAT-E CES: Raisting Ocean Region:IOR=
Report No: 00000 Date: May 4 1995 Printout Time: 11:50:59 UTC

DISTRESS MESSAGE – EPIRB: System Code: 110000062 Lat: 54:48,50 N
Long:9:26.63 E Last Update:11:50
Activation Time: --:--
Nature of Distress: TEST (IMO 10) Course: 32 Speed 1

tion auf 53°37,9' N und 003°11,5' E wurde mit einer Wahrscheinlichkeit von 16 % von Karup an die SAR-Leitstelle Glücksburg gemeldet.

● Sowohl die ET 1600 Inmarsat-EPIRB als auch die TP2 COSPAS/SARSAT-EPIRB eignen sich aufgrund ihres geringen Gewichtes von etwa 6,5 Kilogramm einschließlich Halterung und den Ausmaßen (Höhe 570 mm und 250 mm Durchmesser) auch für die Sportschiffahrt.

2. Verkehrsabwicklung Rettungsboot und SAR-Hubschrauber auf UKW

Die Verkehrsaufnahme zwischen dem Hubschrauber und dem Rettungsboot über UKW lief reibungslos bis zu dem Zeitpunkt, an dem der Helo direkt oder fast direkt über dem Boot stand. Dann aber konnten im Rettungsboot wegen der übertönenden Rotorgeräusche keine Informationen mehr aufgenommen werden. Möglicherweise sollte die IMO erwägen, die GMDSS-Handsprechfunkgeräte mit Ohrhörern ausrüsten zu lassen.

Resümee

Für den Skipper, der beim Erwerb einer EPIRB vor der Entscheidung für das eine oder das andere System steht, sei hier nochmals zusammengefaßt: Zweifelsfrei ist es für kleine, möglicherweise ohnehin nicht optimal hochseetaugliche Yachten sinnvoll, für den Notfall mit einer COSPAS/SARSAT-EPIRB ausgerüstet zu sein. Diese EPIRBs sind sowohl vom Platz- als auch vom Kostenaufwand her eine optimale Lösung zur Sicherheitsausrüstung, jedenfalls im Vergleich zu allen anderen, herkömmlichen Sicherheitsausrüstungen, die keine Alarmierung über Satellit vornehmen.
Gerade bei unerwartet und schnell hereinbrechenden Notlagen ist vielfach die Auslösung eines Alarms mit anderen Mitteln als den automatisch in Betrieb gehenden EPIRBs ausgeschlossen. Die große Reichweite der Satelliten-EPIRBs stellt weitgehend sicher, daß eine Alarmierung auch dann erfolgt, wenn die Notlage abseits der Hauptrouten des Seeverkehrs eintritt und somit eine Hilfeleistung durch in der Nähe befindliche Schiffe nicht zu erwarten ist.
Sobald aber Inmarsat-EPIRBs, die heute noch zum Teil deutlich größer sind und je nach optionaler Ausstattung etwa beim Vierfachen des Preises der COSPAS/SARSAT-EPIRBs liegen, auch für kleine Yachten zur Verfügung stehen, ist sicher das Bessere des Guten Feind. Wie zahlreiche traurige Beispiele jährlich zeigen, sinkt eine Yacht im schlimmsten Fall so schnell, daß die Besatzung – insbesondere bei niedrigen Wassertemperaturen – meist keine große Überlebenschance hat. Die Minuten oder gar Stunden, die aufgrund einer schnelleren Alarmierung gewonnen werden können, sind aber vielleicht gerade die zum Überleben entscheidenden.

SART – Radartransponder

SART ist die englische Abkürzung für ***S**earch **A**nd **R**escue **R**adar **T**ranspon-der,* eine Radarantwortbake, die eine Zielfahrt zum Havaristen ermöglicht und dadurch zur schnelleren und sichereren Auffindung beiträgt.
Das Wort *Radar* ist eine künstliche Wortschöpfung, die sich aus ***R**adio **D**e-tecting **A**nd **R**anging* zusammensetzt. Die Radartechnik nutzt zur Erfassung von Radarzielen die Aussendung von elektromagnetischen Wellen, wobei sowohl die Entfernung als auch die Richtung des jeweiligen Objektes, das die ausgesendeten Radarimpulse reflektiert, bestimmt wird, um dann winkel- und entfernungsgetreu auf dem Radarschirm dargestellt zu werden. Alle SAR-Rettungseinheiten sowie alle funkausrüstungspflichtigen Schiffe von mehr als BRZ 300 sind mit Radargeräten ausgerüstet.
Radarantwortbaken beinhalten einen Breitband-Empfänger/Sender, der im Seeradarbereich im X-Band arbeitet*. Die Sendeleistung der SARTs beträgt

* X-Band = 3 cm-Band = Frequenzbereich 9,200 bis 9,500 GHz

Der Radartransponder darf nur im Notfall benutzt werden.

etwa 400 Milliwatt. Die Stromversorgung erfolgt über Lithium-Zellen, die einen Stand-by-Betrieb von 96 Stunden und einen ununterbrochenen Sendebetrieb von acht Stunden gewährleisten.
Der Sender des SART ist zunächst inaktiv. Der Radartransponder darf ausschließlich im Notfall eingeschaltet und soll dann so hoch wie möglich positioniert werden, um eine große Reichweite zu erzielen. Segelyachten können den SART zum Beispiel in der Saling vorheißen. In Abhängigkeit von der Höhe des Radartransponders sowie je nach der Höhe der Radarantenne auf dem SAR-Schiff können Reichweiten von bis zu maximal 30 Seemeilen erreicht werden. Ein Radartransponder, der aus einer Rettungsinsel mit einer Teleskopstange etwa in 1 Meter Höhe gehalten wird, kann von einem SAR-Schiff mit einer Radarantennenhöhe von etwa 15 Metern innerhalb ungefähr 10 Seemeilen noch erkannt werden.

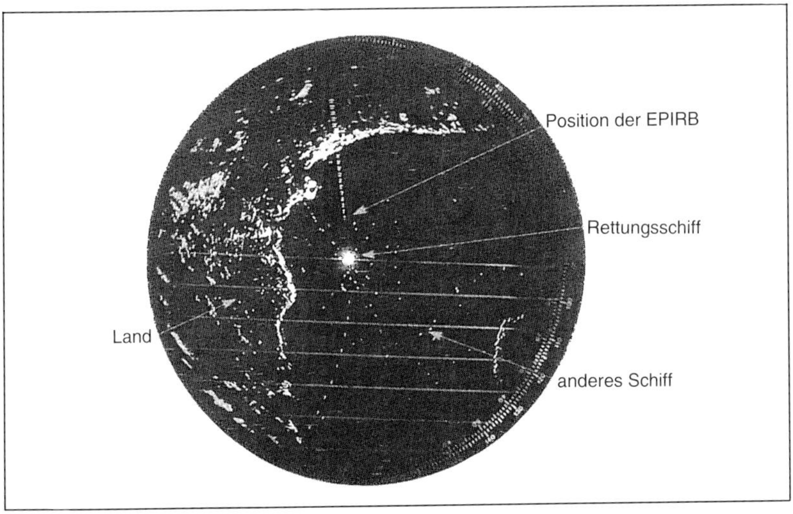

Radarbild mit unterbrochener Linie – deutlich erkennbar der Leitstrahl zur Position der EPIRB

Wird der im Seenotfall eingeschaltete Radartransponder von den Radarstrahlen eines ankommenden Rettungsschiffes getroffen, so wird er aktiv und sendet Ortungszeichen aus. Diese Impulse erzeugen auf dem Radarbildschirm des SAR-Schiffes eine unverkennbare Reihe von 12 Einzel- oder Doppelpunkten. Diese unterbrochene Linie kann von allen Radargeräten, die im X-Band im Frequenzbereich 9200 bis 9500 MHz arbeiten, empfangen und zur Zielfahrt auf den Havaristen verwendet werden.

Radartransponder SF 4251 (Hagenuk): 300 x 62 mm, Gewicht 1 kg

Montage des SART

Gemäß IMO und den nationalen Richtlinien sind bei der Montage des Radartransponders mehrere Kriterien zu beachten. Der Radartransponder

- muß gut zugänglich montiert sein, um im Notfall schnell per Hand eingeschaltet werden zu können,
- darf vom Radarstrahl des eigenen X-Band-Radars nicht getroffen werden können,
- muß so montiert sein, daß er ungehindert vom Radarstrahl fremder Schiffe „getroffen" werden kann,
- muß beim Verlassen des Schiffes leicht mit in die Rettungsinsel genommen werden können.

Entfernungen, Positionsgenauigkeit und Zielfahrt

Für funkausrüstungspflichtige Schiffe ist laut SOLAS die Ausrüstung mit einem oder sogar mehreren Radartranspondern gefordert. Bei der Yachtausrüstung stellt sich die Frage, ob zusätzlich zu einer EPIRB die Anschaffung eines SART überhaupt nötig ist. In diesem Zusammenhang sollen nochmals die Entfernungen und Reichweiten beziehungsweise die Genauigkeit etwaiger Positionsangaben durch die EPIRBs ins Visier genommen werden.
Bei Positionsbestimmungen über das COSPAS/SARSAT-System sind Genauigkeiten von etwa 5000 Metern zu erzielen, wogegen Ortsbestimmungen durch den in der Inmarsat-EPIRB integrierten GPS-Navigator – sofern im SA-Modus* gesendet wird – eine erzielbare Positionsgenauigkeit von etwa 30 bis 100 Metern erwarten lassen.
Die Radarzielfahrt mit Hilfe der Zeichen eines Radartransponders dagegen bietet den Rettungseinheiten im Seenotfall die Chance zur schnellen und genauen Ortung des Havaristen; damit ist die Ausrüstung mit einem SART auch für kleine Yachten durchaus sinnvoll.

* Selective Availability – hierbei handelt es sich um eine künstliche Verschlechterung der erzielbaren GPS-Genauigkeit für nichtmilitärische Nutzung durch die amerikanischen Betreiber.

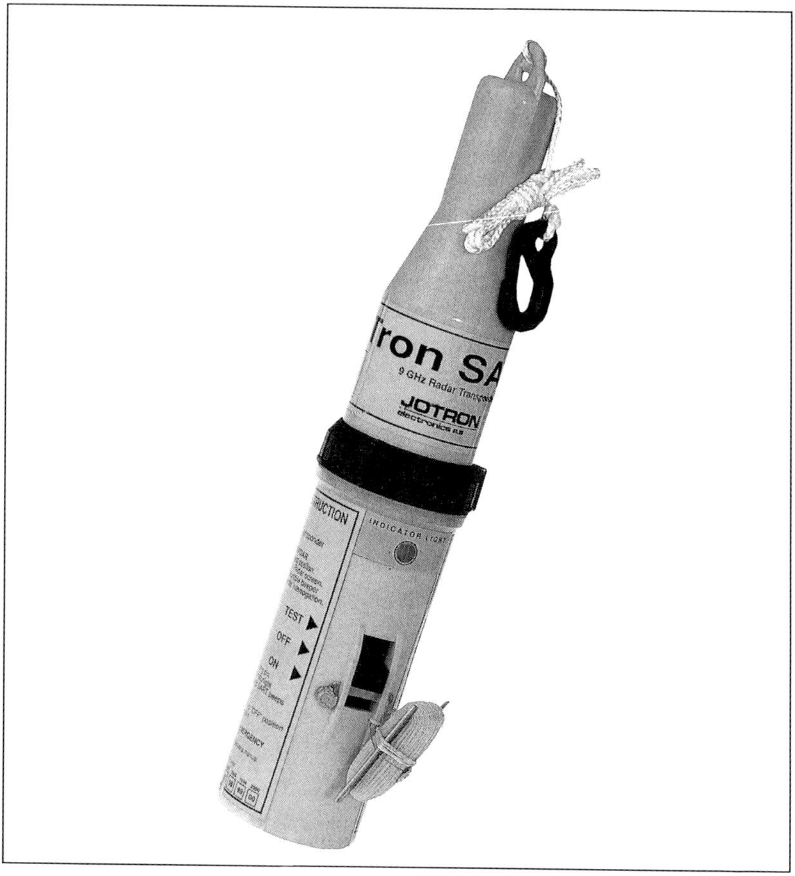

Radartransponder 9 GHz Tron SART (ABB – Jotron): 370 x 85 mm, Gewicht 1,05 kg

Seenotalarmierung und Kommunikation über Grenzwelle und Kurzwelle

Frequenz und elektromagnetische Wellen

Das Wort Frequenz bezeichnet die Anzahl der Schwingungen pro Sekunde. Die Maßeinheit hierfür ist Hertz (Hz). Diese wurde nach dem deutschen Physiker Heinrich Rudolf Hertz (1854 bis 1894) benannt. Er entdeckte die elektromagnetischen Wellen und schuf damit die Grundlage zur heutigen Nachrichtentechnik.

1 Schwingung pro Sekunde	**= 1 Hz (Hertz)**
1 000 Schwingungen pro Sekunde	**= 1 kHz (Kilohertz)**
1 000 000 Schwingungen pro Sekunde	**= 1 MHz (Megahertz)**
1 000 000 000 Schwingungen pro Sekunde	**= 1 GHz (Gigahertz)**

Wenn also ein Sender auf der Frequenz 2182 kHz* sendet, dann bedeutet das, daß er pro Sekunde 2 182 000 elektromagnetische Schwingungen aussendet. Die elektromagnetischen Schwingungen breiten sich mit einer Geschwindigkeit von 300 000 Kilometern pro Sekunde aus (Lichtgeschwindigkeit). Auf diese Weise kann die Wellenlänge einer hochfrequenten Schwingung folgendermaßen berechnet werden:

$$\frac{300\,000}{\text{kHz}} = \text{Wellenlänge in Metern}$$

Beispiel: $$\frac{300\,000}{2182} = 137{,}488 \text{ Meter}$$

* Internationale Seenot- und Anruffrequenz (bis 1. 2. 1999)

Wellenbereiche		Frequenzen	Meterband
Langwelle	LW	100 – 300 kHz	3000 – 1000 m
Mittelwelle	MW	300-1605 kHz	1000 – 186 m
Grenzwelle	GW	1605 – 3800 kHz	186 – 80 m
Kurzwelle	KW	3800 kHz – 30 MHz	80 – 10 m
Ultrakurzwelle	UKW	über 30 MHz	<10 m

Ausbreitungseigenschaften der elektromagnetischen Wellen

LW Ausbreitung durch die Bodenwelle, sie folgt weitgehend der Erdkrümmung (Funknavigation, See- und Flugfunkpeiler, Decca, Loran C)

MW Ausbreitung tagsüber durch Bodenwelle, nachts mit einem Teil Raumwelle
> größere Reichweite

KW Ausbreitung ausschließlich durch Raumwelle; wird an der Ionosphäre gespiegelt
> Reichweite rund um die Welt

GW hat keine spezifische Ausbreitungscharakteristik; im unteren Bereich breitet sich die GW wie die Mittelwelle aus und im oberen Bereich ähnlich der Kurzwelle
> Reichweite mindestens 150 sm

UKW praktisch geradlinige Ausbreitung (quasi-optische), unabhängig von der Tageszeit; keine Spiegelung oder Reflexion an der Ionosphäre; deshalb ebenso gut geeignet für Übermittlungen über kurze Distanz im terrestrischen Bereich wie auch auf weite Distanz ins Weltall

GW-/KW-Sender-Empfänger TRP 7000 (Hagenuk-Skanti): 213 x 213 x 79 mm, Leistung 200 W

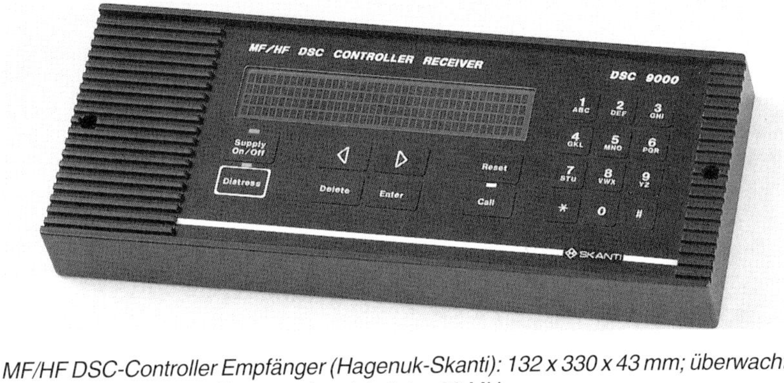

MF/HF DSC-Controller Empfänger (Hagenuk-Skanti): 132 x 330 x 43 mm; überwacht bis zu 2 x 6 Kanäle im Frequenzbereich 0,1 – 30 MHz

Grenz-/Kurzwellen-Telefonie

Für das Seegebiet A2 und ganz besonders für das Seegebiet A3 gehört, neben einer UKW-DSC-Funkanlage, die nur die Kommunikation und Seenotalarmierung im Nahbereich sicherstellt, eine Grenz-/Kurzwellen-Telefoniefunkanlage für weltweiten Funkverkehr zur Pflichtausrüstung, sofern keine Satellitenfunkanlage vorhanden ist.
Für das Seegebiet A4 ist ausschließlich eine GW-/KW-Funkanlage vorgeschrieben und auf Grund der Ausbreitungseigenschaften der Grenz-/ und Kurzwelle auch sinnvoll, zumal in den Bereichen nördlich und südlich des 70. Breitengrades keine sichere Bedeckung durch die geostationären Satelliten gegeben ist.
Zur Zeit gibt es nur wenige yachtgeeignete Grenzwellen-/Kurzwellen-Telefoniefunkanlagen, die insbesondere mit DSC aufgerüstet werden können. Es bleibt zu hoffen, daß die Industrie auf diesem Sektor bald nachzieht.

Empfänger und Bedieneinheit „Sailor" Compact HF SSB RE 2100 (Transmitter und Antennenkoppler nicht dargestellt): 115 x 225 x 299 mm

„Sailor" Compact HF SSB RM 2151 (Elna): Grenz-/Kurzwellen-DSC-Controller, Wachempfänger

Satelliten-Kommunikation

Der eine oder andere erinnert sich vielleicht noch an den spektakulären „Sputnik"-Start Ende der fünfziger Jahre. Damals betrachteten wohl die meisten Menschen diese und die folgenden Weltraumaktivitäten zwar als sensationell, aber für die praktische Nutzanwendung doch recht sinnlos. Heute dagegen weiß jedes Kind, daß diese von Menschenhand geschaffenen, elektronischen Himmelskörper nicht nur zur weltweiten Übertragung von Rundfunkberichten und Fernsehbildern dienen, sondern insbesondere für eine moderne Kommunikation rund um den Globus sorgen.

Die *International Maritime Satellite Organization (Inmarsat)* ist bisher weltweit der einzige Lieferant für die unterschiedlichsten, mobilen Satelliten-Kommunikationsdienste. Zur Zeit halten international über 70 Telekommunikationsunternehmen Anteile an Inmarsat. Die Bundesrepublik Deutschland gehörte 1979 zu den Gründungsmitgliedern und hält etwa 4,5 % an Inmarsat-Anteilen.

Seit 1982 betreibt Inmarsat mit insgesamt vier geostationären Satelliten mehrere Systeme, die der globalen Kommunikation mit Schiffen, Flugzeugen und landgestützten Nutzern dienen und die praktisch die Voraussetzung für eine weltweite Notrufalarmierung darstellen.

Wie aus der Abbildung auf Seite 122 ersichtlich, gibt es weltweit mehrere sogenannte Küsten-Erdfunkstellen*. Die deutsche CES für Inmarsat befindet sich in Raisting in Oberbayern. Von dort aus werden die Region Ost des Atlantischen Ozeans* (s. S. 90) und neuerdings auch die Region des Indischen Ozeans mit den Sprach- und Datenkommunikations-Diensten in Inmarsat-A und Inmarsat-C sowie mit den Diensten in Inmarsat-M und Inmarsat-B und darüber hinaus mit dem bereits besprochenen Notrufdienst Inmarsat-E versorgt.

---

* Coast Earth Station (CES), im Unterschied zur Ship Earth Station (SES) = Schiffs-Erdfunkstellen

14-m-Parabolantenne einer Inmarsat CES (Coast Earth Station, Küsten-Erdfunkstelle)

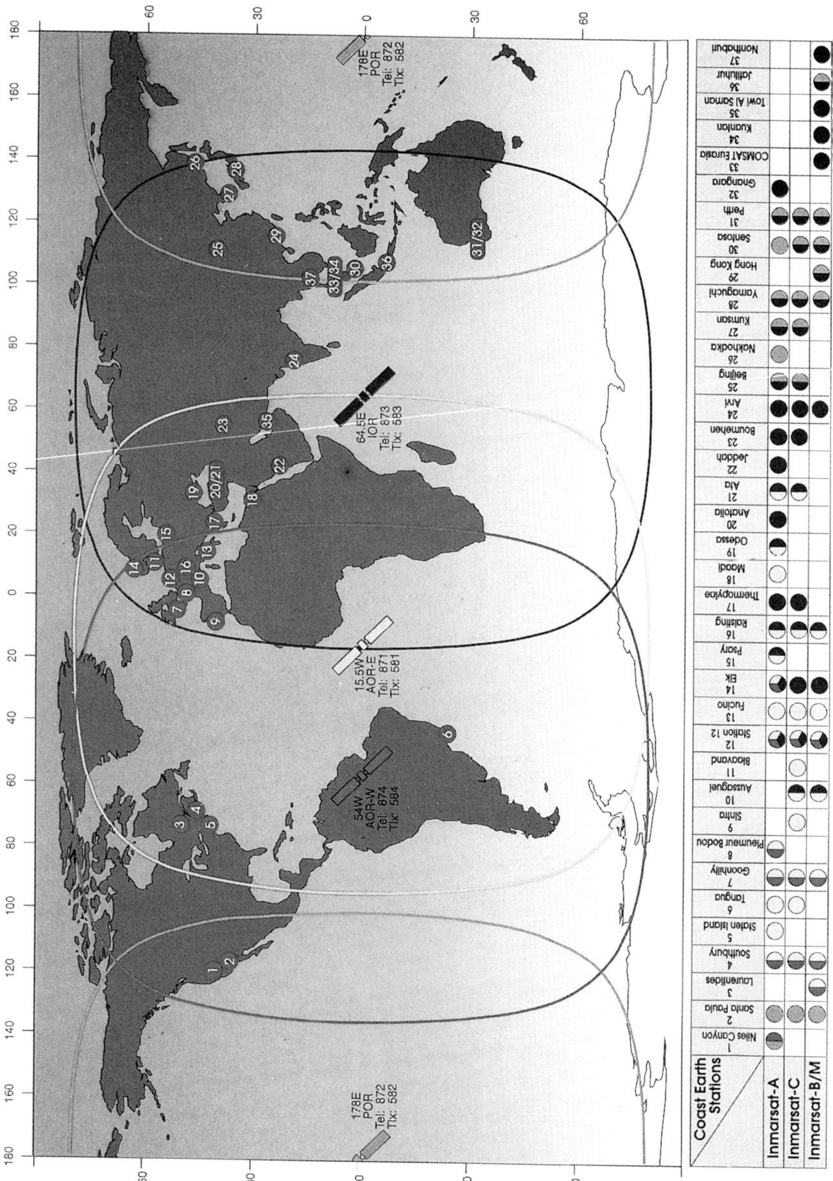

Inmarsat-Küsten-Erdfunkstellen (Coast Earth Stations, CES) für die Dienste Inmarsat-A, Inmarsat-C und Inmarsat-B/M

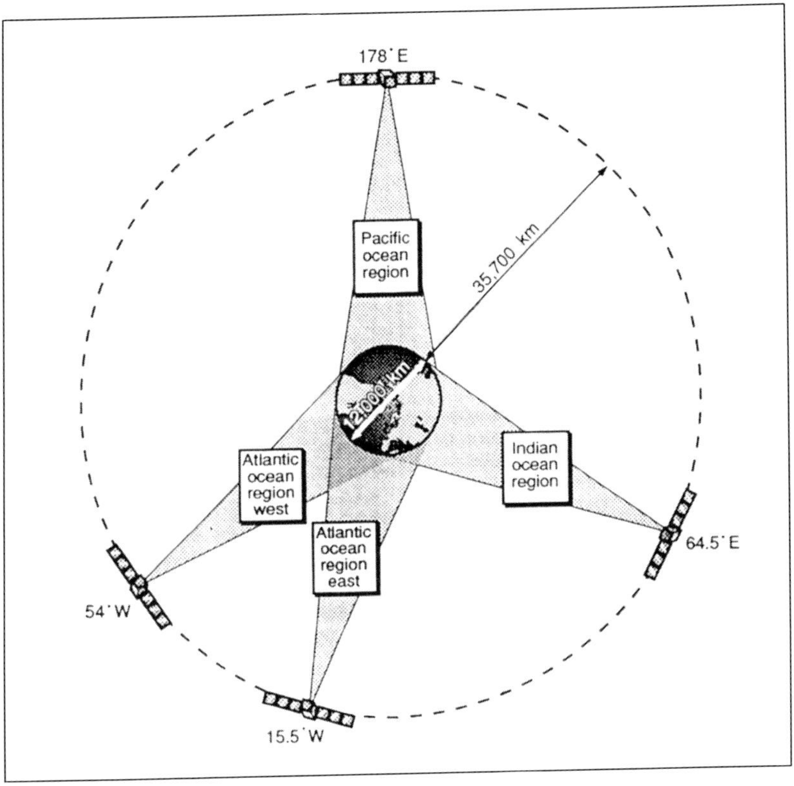

Die geostationären Inmarsat-Satelliten über den vier Ozean-Regionen: Atlantischer Ozean Region West (AOR-W), Atlantischer Ozean Region Ost (AOR-E), Indischer Ozean (IOR), Pazifischer Ozean (POR)

Über All telefonieren – Inmarsat sorgt für Gesprächsbereitschaft

Es folgt eine kurze Übersicht über die zur Zeit existierenden Inmarsat-Dienste und deren Anwendungsmöglichkeiten:

Inmarsat-A

Ermöglicht dem Anwender über direkte Selbstwahl weltweite Telefon- und Telexverbindungen sowie eine sichere Übertragung von Daten und Telefax (bis 9600 bit/s). Die Antennen sind jedoch mit 1 Meter Durchmesser verhältnismäßig groß und finden nur auf Berufsschiffen und allenfalls auf Mega-Yachten Platz.

Inmarsat-A-HSD

HSD steht für High Speed Data. Das System ermöglicht mittels Datenkompression Übertragungen für Hörfunk- und Video in Studioqualität.

Inmarsat-B

Zeichnet sich gegenüber Inmarsat-A durch digitale Übertragung aus, wodurch das vorhandene Frequenzspektrum ökonomischer genutzt und dadurch preisgünstiger angeboten werden kann.

Inmarsat-C

Bildet die globale Alternative zu den landgestützten Möglichkeiten der Datenübertragung. Heute kommen kleine, handliche Geräte zum Einsatz. Sie

dienen zur Übertragung von Telex, Telefax* und Daten aller Art, wie Umwelt-, Fahrzeug- oder Positionsdaten. Die typischen Anwendungsbereiche für Standard-C sind zum Beispiel das Flotten-Management, Fernwirken und Fernsteuern, Meßstationen etc.
In Verbindung mit einem Navigator läßt sich die Inmarsat-C-Anlage so programmieren, daß automatisch Positionsmeldungen eines Fahrzeuges abgesendet werden. Auf diese Weise sind Fahrzeuge und Ladungen ständig auf elektronischen Karten in den Einsatzzentralen zu verfolgen. Die Fahrzeuge werden über Inmarsat-C ganz einfach ein Bestandteil der betriebsinternen EDV, wobei unter Einbeziehung von Differential-GPS-Referenzstationen sogar Genauigkeiten im Zentimeterbereich erzielt werden können.

Inmarsat-C-EGC

Mit diesem speziellen Dienst sind erweiterte Gruppenrufe, sogenannte *Enhanced Group Calls,* möglich. Reeder oder Spediteure können Nachrichten, die alle oder nur Teile ihrer Flottenmitglieder betreffen, per Gruppenruf versenden. Lediglich eine Nachricht wird zur Küsten-Erdfunkstelle geschickt, die diese dann entsprechend an die verschiedenen Empfänger weiterleitet, wodurch betriebsinterne Mitteilungen preisgünstig und schnell ihren Adressaten erreichen.
Für die funkausrüstungspflichtige Seeschiffahrt wird die Empfangsmöglichkeit des EGC zusätzlich zu der laut SOLAS geforderten NAVTEX-Ausrüstung gefordert, um den weltweiten Empfang der *Maritime Safety Information (MSI)* sicherzustellen.
Die Standard-C-Antennen haben nur etwa 25 Zentimeter Durchmesser und müssen nicht automatisch nachgeführt werden.

* Im Inmarsat-C-System nicht ONLINE, das heißt, nur über den Operator in der Küsten-Erdfunkstelle

Inmarsat-M – Satellitenkommunikation für die Sportschiffahrt

Inmarsat-M

Das ist der „kleine Bruder“ von Inmarsat-B, der digitalen Variante von Inmarsat-A. Für diesen Dienst gibt es heute bereits Endgeräte für die komplette Bürokommunikation in der Größe eines Aktenkoffers.
Für die Sportschiffahrt bietet Inmarsat-M die Möglichkeit, die Satelliten-Mobilkommunikation in vollem Maße zu nutzen. Angesichts des Antennendurchmessers von nur 60 Zentimetern (bei Inmarsat-A etwa 1 Meter!) lassen sich jetzt auch kleinere Yachten mit Satellitenkommunikation ausrüsten.

Inmarsat-P

Das System (genauer: Project 21) wird von Inmarsat und einer Reihe von internationalen Telekommunikations-Unternehmen entwickelt; es handelt sich um ein Joint-Venture-Projekt, an dem zur Zeit weltweit knapp 40 Telekommunikationsbetreiber als sogenannte Inmarsat-Signatare beteiligt sind. Durch die Kombination von Satelliten- und Zellular-Kommunikation soll nach der für die Jahrtausendwende geplanten Einführung via Satellit weltweit über ein Handy auf im Frequenzbereich 1,9 beziehungsweise 2,2 Gigahertz telefoniert werden können.

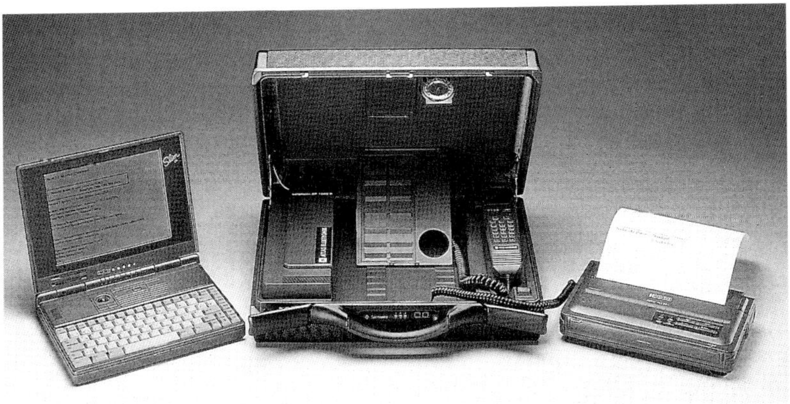

Satellitentelefon SP 1600 (Hagenuk): die Kofferversion.

Ein Blick in die Zukunft oder Die Evolution der Satelliten-Kommunikation

Mit unserem heutigen Wissensstand können wir nur ahnen, in welchem Maße sich die Satelliten-Kommunikation zukünftig entwickeln wird. Folgende Tabelle macht die rasante Geschwindigkeit der Entwicklung deutlich.

Die Entwicklung des Inmarsat-Kommunikationsservice

Jahr	Service	Beschreibung
1982	Inmarsat-A	erste Sprach- und Datenterminal
1990	Inmarsat-aero	Aero Sprach- und Datenübertragung
1991	Inmarsat-C	Datenübertragung aus dem Aktenkoffer
1993	Inmarsat-M	Digitales Telefon im Aktenkofferformat

Die Strategie von Inmarsat wird es auch in Zukunft sein, je nach Stand der technischen Entwicklung Neuerungen und Verbesserungen in den Satelliten-Kommunikationsnetzen einzusetzen. Ziel ist es, die Bequemlichkeit in der Benutzung zu verbessern sowie das Gewicht und die Abmessungen soweit zu reduzieren, daß die Anlagen tragbar werden. Gleichzeitig sollen die Benutzungskosten reduziert werden, damit zum Zeitpunkt der Integration der bestehenden Satelliten- und Zellularnetze die Nutzung dieser Dienste von jedermann, zu jeder Zeit von jedem Ort der Welt aus möglich ist.
Es bleibt zu hoffen, daß im Zuge dieser Entwicklungen auch das Weltweite Seenot- und Sicherheitsfunksystem (GMDSS) weitere Verbesserungen erfährt, daß aber vor allem Institutionen wie IMO, UIT und SOLAS mit der gleichen Geschwindigkeit, wie die technischen und infrastrukturellen Möglichkeiten dies zulassen, ihre Entscheidungen fällen, damit die Sicherheit auf See für alle, die die Weltmeere befahren, auf dem jeweils neuesten, technischen Standard gehalten und fortwährend verbessert werden kann.

Anhang

Weitere empfehlenswerte Ausrüstung für den Notfall: PLB und Life Save

PLB und Live Save sind zwar nicht Bestandteil des GMDSS, bieten aber besonders für Sportboote mit kleiner Besatzung neben der Rettungsinsel und automatischen Schwimmweste eine sinnvolle Ergänzung zur GMDSS-Ausrüstung.

PLB Personal Life Buoy

Bei der Personen-Rettungsbake *PLB 7* handelt es sich um einen kleinen, tragbaren Sender, der, mit einer Trageschlaufe um den Hals, praktisch unter der Automatik-Rettungsweste getragen werden kann. Die PLB aktiviert sich 30 Sekunden nach Wasserkontakt, kann jedoch auch manuell ausgelöst werden und sendet dann 12 Stunden auf der Flugfunknotfrequenz 121,5 MHz.
Die Reichweite ist zwar begrenzt und aufgrund der quasi-optischen Ausbreitung der Ultrakurzwelle von der Höhe der Empfangsantenne an Bord abhängig, aber bei Mann-über-Bord wird der Alarm im Flugfunk-Wachempfänger an Bord innerhalb von 30 Sekunden ausgelöst. Damit ist die Reichweite bis zu drei Seemeilen sicher ausreichend. Da auf der Flugfunk-Notfrequenz gesendet wird, kann das Signal auch von einem Helikopter aus bis zu 20 Meilen empfangen werden, von einem SAR-Suchflugzeug aus bis zu 40 Meilen. Vorausgesetzt freilich, daß der Notfall bekannt ist, da auf der Frequenz 121,5 MHz keine Hörwache sichergestellt ist.
Der an Bord notwendige *Wachempfänger WR 121* ist ein einfacher Ein-Frequenz-Empfänger, der sinnvollerweise unter Deck installiert werden sollte, damit ein etwaiger Alarm auch von der gesamten Mannschaft gehört werden

kann. In Verbindung mit dem *Crew-Finder HR 30,* einer Art Peilgerät, wird ein Wiederauffinden eines Überbordgegangenen erleichtert.
Dieses Gerät hat noch keine BZT-Nummer. Das bedeutet, daß der Betrieb auf Schiffen unter deutscher Flagge nicht gestattet ist.

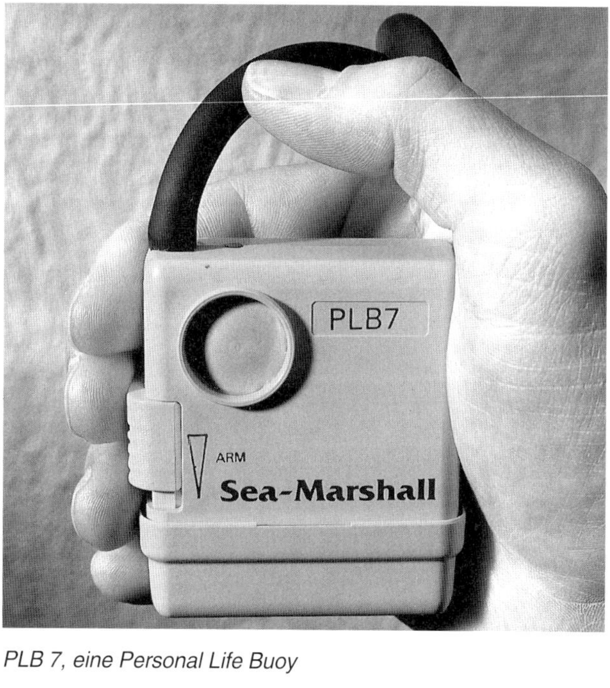

PLB 7, eine Personal Life Buoy

Der „Lebensretter" Life-Save (Thitronik). Der Körpersensor mit Quittungstaste ist dank seiner geringen Abmessungen direkt am Körper zu tragen (rechts unten). Die Elektronik mit Quittungstaste und einer optischen Voralarmanzeige wird über eine Steckverbindung abnehmbar im Cockpit montiert (rechts oben). Die eigentliche Anschlußbox befindet sich neben der Hupe, dem externen Summer und dem MOB-Anschluß am Navigator unter Deck.

Life Save

Life Save Melde- und Ortungssystem

Besonders auf langen Törns ist es keine Seltenheit, daß ein Crewmitglied allein Wache geht. Und gewiß ist es schon häufig vorgekommen, daß – sei es bedingt durch Unachtsamkeit oder durch schweres Wetter – der Rudergänger über Bord fiel. Bei kleiner Besatzung bemerken dies die Crewmitglieder unter Deck oft erst zu spät, so daß eine Ortung und Rettung des Überbordgegangenen häufig nicht mehr möglich ist.
Die Firma Thitronik entwickelte deshalb den Lebensretter *Life Save,* dessen Funktion ebenso simpel wie praxisgerecht ist. Der Rudergänger ist mit einem Abreißkontakt über eine dünne, etwa 5 Meter lange Leitung an der Meldeelektronik angeschlossen. Geht der Rudergänger außenbords, löst die Elektronik, die mit dem NMEA-Eingang des GPS-Navigators verbunden ist, sofort *MOB** am Navigator aus. Gleichzeitig wird ein Generalalarm, der die Besatzung unter Deck alarmiert, über eine Hupe ausgelöst. Auch bei noch so guter Seemannschaft vergehen meist kostbare Minuten, bis die Crewmitglieder das Mann-über-Bord-Manöver einleiten. Die im Navigator exakt nach Breite und Länge angegebene Position des Unfalls sowie die Steuerinformation erleichtern auch noch nach Minuten die gezielte Suche und das Auffinden der Person.
Wurde der Alarm versehentlich ausgelöst, so kann durch einfaches Zusammenstecken des Kontaktes innerhalb von 15 Sekunden die Unterbrechung behoben und ein Fehlalarm vermieden werden.
Neben der eigentlichen MOB-Funktion bietet der *Life Save* auch noch einen integrierten Wachalarm. So wird der Rudergänger über eine Blinkanzeige und einen Summer aufgefordert, die Quittungstaste zu betätigen. Erfolgt diese Bestätigung nicht innerhalb einer Minute, wird automatisch ein akustisches Warnsignal ausgelöst.

* MOB = **M**an **O**ver **B**oard = Mann über Bord

Akronyme – Abkürzungen – Begriffsbestimmungen

AA Accounting Authority (Abrechnungsgesellschaft)
AAIC Accounting Authority Indentification Code (Kennzeichnung einer Abrechnungsgesellschaft, zum Beispiel DP01)
AM Amplituden-Modulation
ADE Above Deck Equipment (Über-Deck-Einbauten)
AOR-E Atlantic Ocean Region – East (Inmarsat)
AOR-W Atlantic Ocean Region – West (Inmarsat)
ARQ Automatic Repeat Request (Telexsendung, Verbindung über Zwischenspeicher. Dieser fordert verstümmelte Datenblöcke so lange nach, bis alle Zeichen richtig empfangen werden. Dauert dabei eine Unterbrechung länger als 3 Minuten, wird die Verbindung automatisch beendet).
BAPT Bundesamt für Post und Telekommunikation
BDE Below Deck Equipment (unter Deck installierte Betriebsgeräte)
BRZ Bruttoraumzahl (früher BRT)
BZT Bundesamt für Zulassungen in der Telekommunikation, Saarbrücken
CCIR Comité Consultatif International de Radiocommunication (Internationaler beratender Ausschuß für den Funkdienst)
CES Coast Earth Station (Küsten-Erdfunkstelle; in Deutschland Raisting, in Norwegen zum Beispiel Eik)
Commissioning
Abnahme einer typgeprüften SES durch Inmarsat. Vergabe der ID-Nr. und Test aller Funktionen, danach hat die SES Zugang zu allen Diensten des Inmarsat-Weltraumfunks.
COSPAS/SARSAT
Empfängt die Seenotmeldung vom Satelliten, berechnet die Position und sendet sie über das MCC an die jeweils zuständigen RCC
COSPAS Kosmitscheskaja Sistema Poiska Avarinisch Sudov i Samalijotov (kosmisches System zur Ortung von havarierten Schiffen und Flugzeugen; Rußland)

CSS	Co-ordinator Surface Search (Suchleiter vor Ort)
DGzRS	Deutsche Gesellschaft zur Rettung Schiffbrüchiger
DISTRESS ALERT	Seenotruf
DMG	Distress Message Generator
DRP	Digital Receiver Processor im Inmarsat-System
DSC	Digital Selectiv Calling (Digitaler Selektivruf)
ECDIS	Electronical Chart Disc Navigation
EGC	Enhanced Group Call (erweiterter Gruppenruf)
ELT	Emergency Locator Transmitter
EPIRB	Emergency Position Indicating Radio Beacon (Seenotfunkbake = eine Funkbake zur Kennzeichnung der Seenotposition)
FAG	Fernmeldeanlagengesetz
FM	Frequenzmodulation
FTZ	Fernmeldetechnisches Zentralamt (Darmstadt)
GEO	Geostationary Earth Orbit
GFR	Goldfranken (internationale Verrechnungseinheit)
GH	Gigahertz
GLL	geographic position, latitude/longitude
GLONASS	Global Navigation Satellite System (russisches Satellitensystem zur Ortsbestimmung)
GMDSS	Global Maritim Distress and Safety System (Weltweites Seenot- und Sicherheitsfunksystem)
GPS	Global Positioning System (amerikanisches Satellitensystem zur Ortsbestimmung)
GSM	Global System for Mobil Communications
HF	Hochfrequenz
ICO	Intermediate Circular Orbit Satellite System
IFV	Internationaler Fernmeldevertrag
IHO	International Hydrographic Organization
IMO	International Maritime Organization (Internationale Seeschiffahrtsorganisation)

INMARSAT	International Maritime Satellite Organization (Zusammenschluß von rund 70 Telekommunikationsunternehmen aus aller Welt, die gemeinsam Satelliten für die kommerzielle Kommunikations-Nutzung betreiben)
INMARSAT-SEARCH AND RESCUE SATELLITE-SYSTEM	Internationales satellitengestütztes Such- und Rettungssystem
IOR	Indian Ocean Region (Inmarsat)
ISSV	früher: Internationaler Schiffssicherheitsvertrag, heute verwendete Bezeichnung: „Internationales Übereinkommen zum Schutz des menschlichen Lebens auf See“
kHz	Kilohertz
Latitude	geographische Breite
L-Band	Frequenz-Band von 1.12 GHz bis 1.7 GHz
LEO	Low Earth Orbit Satellite System
Longitude	geographische Länge
LUT	Local User Terminal (Erdfunkstelle)
MCC	Mission Control Center
MES	Mobile Earth Station
MHz	Megahertz
MID	Maritime Identification Digits (3stellige Länderkennzahl; Deutschland wurden 211 und 218 zugeteilt)
MMSI	Maritime Mobile Service Identity (9stellige Kennummer für DSC)
MSC	Maritime Safety Committee
MSI	Maritime Safety Information (Sicherheitsaussendungen für die Seefahrt über Navtex und EGC)
MTT	Message Transfer Time (Übertragungszeit)
NAVTEX	Navigational Warnings by Telex
NF	Niederfrequenz
NMEA	National Marine Electronics Association
NOAA	National Oceanic and Atmospheric Administration (USA)
OCC	Operation Control Center (Inmarsat Kontrollzentrum in London)

PLB	Personal Locator Beacon auf 121,5 MHz
POR	Pacific Ocean Region (Inmarsat)
OSC	On-Scene Commander (Koordinator am Unfallort; Leitstelle)
RCC	Rescue Co-ordination Center (Koordinierungszentrum zur Rettung – in Deutschland die DGzRS in Bremen)
RT	Raumtonnen (Maßzahl für Schiffsgröße), früher BRT
RX	Receive (Empfang) / Receiver (Empfänger)
SA	Selective Availability
SAR	Search and Rescue (Suche und Rettung)
SARSAT	Search And Rescue Satellite Aided Tracking (Such- und Rettungssystem mit Satelliteneinsatz, USA)
SART	Search And Rescue Radar Transponder
SeeBG	See-Berufsgenossenschaft
SDR	Special Drawing Rights (Verrechnungseinheit Sonderziehungsrechte)
SES	Ship Earth Station
SOLAS	International Convention for the Safety Of Life At Sea (Internationales Übereinkommen zum Schutz des menschlichen Lebens auf See)
SVH	Service for Human (Telegramm zum Schutz menschlichen Lebens)
SZR	Sonderziehungsrechte (internationale Verrechnungseinheit)
TCA	Time of Closest Approach (Zeit der dichtesten Annäherung)
TR	Travel Report (An- und Abmeldung einer Funkstelle bei einer Küstenfunkstelle)
TX	Transmit = Senden / Transmitter = Sender
UKW	Ultakurzwelle
UTC	Universal Time Coordinated (Koordinierte Weltzeit)
VO Funk	Vollzugsordnung für den Funkdienst
WWNWS	World-Wide Navigational Warning Service

Frequenzen im GMDSS*

147,3	kHz	Sender Pinneberg (FSK/RTTY)
438,0	kHz	Lyngby (CW/Morse)
444,0	kHz	Harnösand (CW/Morse)
448,5	kHz	Rogaland (CW/Morse)
490,0	kHz	NAVTEX-Aussendungen in Landessprache
518,0	kHz	NAVTEX-Aussendungen weltweit in Englisch
521,5	kHz	Göteborg (CW/Morse)
2.182,0	kHz	Intern. Seenot- und Anruffrequenz – Sprechfunk
2.187,5	kHz	ausschließlich für DSC-Aussendungen auf GW
4.209,5	kHz	NAVTEX-Aussendungen in tropischen Gebieten
4.210,0	kHz	Maritime Safety Information
4.583,0	kHz	Sender Pinneberg (FSK/RTTY)
6.314,0	kHz	Maritime Safety Information
6.315,0	kHz	Portishead (FSK/Sitor)
7.646,0	kHz	Pinneberg (FSK/RTTY)
8.416,5	kHz	Maritime Safety Information
11.638,0	kHz	Pinneberg (FSK/RTTY)
12.579,5	kHz	Maritime Safety Information
16.806,0	kHz	Maritime Safety Information
22.806,0	kHz	Maritime Safety Information
121,500	MHz	Not- und Dringlichkeitsfrequenz im Flugfunkdienst und für Rettungsgerätefunkstellen – EPIRBs
156,300	MHz	(Kanal 06) internationaler Verkehr, koordinierte SAR-Einsätze
156,525	MHz	(Kanal 70) ausschließlich für DSC
156,650	MHz	(Kanal 13) für Nachrichtenaustausch zur sicheren Navigation zur Verfügung
156,800	MHz	(Kanal 16) für die Abwicklung von Notverkehr, Dringlichkeits- und Sicherheitsverkehr

* Keine Gewähr für die Richtigkeit der Frequenzen. Verwenden Sie bitte die offiziellen Werke.

406,000	MHz	COSPAS/SARSAT – EPIRB
1,6	GHz	Inmarsat-E – Satelliten-EPIRB
1,9	GHz	Inmarsat – P
9	GHz	SART – Radartransponder

Quellennachweis

Admiralty List
Jachtfunkdienst Nord- und Ostsee, BSH
Jachtfunkdienst Mittelmeer, BSH
Nautischer Funkdienst, BSH
Sprechfunk für Küstenschiffahrt, BSH
Handbuch Seefunk, Deutsche Telekom AG
UKW-Information Seefunk, Deutsche Telekom AG

Danksagung

Dank sei allen nachfolgend genannten Firmen, Behörden und Institutionen, die mit zahlreichem Informations- und Bildmaterial zum Gelingen dieses Buches beigetragen haben.
ABB Nera, Hamburg
BAPT Außenstelle Hamburg
BAPT Außenstelle Mülheim
BAPT Außenstelle Berlin
BSH, Hamburg
COSPAS/SARSAT, London
DEBEG – STN, Hamburg
Deutsches Seewetteramt, Hamburg
DGzRS, Bremen
Eissing, Emden
Elna, Hamburg
Fastnet Radio, Hamburg
Ferropilot, Hamburg
Hagenuk, Hamburg
Inmarsat, London
Institut für Schiffsbetriebsforschung, Flensburg
Küstenfunkstelle Rügen Radio
Mörer, Hamburg
Seefahrtsschule Leer
Shipmate, Emden
Simrad, Emden
SSB, Iserlohn
Thitronik, Kochendorf
Ricofunk, Hilden
RR-Elektronik, Kiel

Stichwortverzeichnis